ERICH
SCHMIDT
VERLAG

DIIR-FORUM

Band 11

Prüfungsleitfaden BAIT

Sicherer IT-Einsatz in Kredit- und Finanzdienstleistungsinstituten

Von
Axel Becker

ERICH SCHMIDT VERLAG

Bibliografische Information der Deutschen Nationalbibliothek
Die Deutsche Nationalbibliothek verzeichnet diese Publikation in der Deutschen Nationalbibliografie; detaillierte bibliografische Daten sind im Internet über dnb.ddb.de abrufbar.

Weitere Informationen zu diesem Titel finden Sie im Internet unter
ESV.info / 978 3 503 20926 2

Gedrucktes Werk: ISBN 978 3 503 20926 2
eBook: ISBN 978 3 503 20927 9

www.ESV.info

Dieses Papier erfüllt die Frankfurter Forderungen der Deutschen Bibliothek und der Gesellschaft für das Buch bezüglich der Alterungsbeständigkeit und entspricht sowohl den strengen Bestimmungen der US Norm Ansi / Niso Z 39.48-1992 als auch der ISO Norm 9706.

Satz: multitext, Berlin

Druck und Bindung: Difo-Druck GmbH, Bamberg

Vorwort

Die Bundesanstalt für Finanzdienstleistungsaufsicht (BaFin) hat mit den Bankaufsichtlichen Anforderungen an die IT (BAIT, Rundschreiben 10/2017 in der Fassung vom 21. 8. 2021) ihre Erwartungen an den sicheren und an aktuellen Standards orientierten Einsatz der Informationstechnik für Kredit- und Finanzdienstleistungsinstitute in Deutschland konkretisiert. Dabei sind die Anforderungen gegenüber der Fassung vom 14. 9. 2018 wesentlich erweitert und präzisiert worden.

Wesentlicher Grund für die Überarbeitung durch die Bankenaufsicht war die Veröffentlichung der „EBA-Leitlinien für IKT und Sicherheitsrisikomanagement" im November 2019. Außerdem sind Erfahrungen aus der Aufsichtspraxis in die Überarbeitung eingeflossen.

Der Einsatz von IT in den Instituten inklusive der IT-Services, die durch IT-Dienstleister bereitgestellt werden, hat eine zentrale Bedeutung für die Finanzwirtschaft. Die BAIT geben auf der Grundlage des § 25a Abs. 1 des Kreditwesengesetzes (KWG) einen Rahmen für die technisch-organisatorische Ausstattung der Institute, für das Management der IT-Ressourcen, das Informationsrisikomanagement und das Informationssicherheitsmanagement vor. Sie präzisieren außerdem die Anforderungen des § 25b KWG (Auslagerung von Aktivitäten und Prozessen) und konkretisieren die Mindestanforderungen an das Risikomanagement (MaRisk). Damit sind die BAIT der zentrale Baustein der IT-Aufsicht für alle Kredit- und Finanzdienstleistungsinstitute in Deutschland.

Die IT-Risiken in Organisationen außerhalb des Finanzsektors unterscheiden sich nicht grundsätzlich vom regulierten Bereich. Die von der BaFin formulierten Erwartungen an einen sicheren und risikoreduzierenden Einsatz von Informationstechnologie sind daher im Sinne von Best Practices auch für andere Organisationen relevant.

Für die Interne Revision stellen IT-Risiken einen wesentlichen Aspekt bei der risikoorientierten Planung ihrer Prüfungs- und Beratungsaktivitäten dar. Gestiegene Cybersicherheitsrisiken, Themen der digitalen Transformation und der Umgang mit neuen Technologien verstärken die Bedeutung des Themas in nahezu allen Organisationen.

Daher sind die in diesem Band aufgeführten und eng an der Gliederung der BAIT orientierten Kommentierungen eine gute Unterstützung für die Interne Revision bei der Planung ihrer Prüfungen der BAIT. Neben den Erläuterungen der BaFin zu den BAIT und den MaRisk sind themenbezogen jeweils auch bekannte Beanstandungen der Bankenaufsicht und konkrete Praxishinweise zur Umsetzung der Anforderungen mit aufgeführt. Ergänzt werden die einzelnen Kapitel jeweils um Checklisten, die als Startpunkt für individuelle Arbeitsprogramme der Internen Revision dienen können.

Mit diesem hilfreichen Leitfaden steht dem Start der Prüfung nichts mehr im Wege.

Frankfurt, im Dezember 2021

Michael Bünis, CIA CRMA

Leiter der Grundsatzabteilung
DIIR – Deutsches Institut für Interne Revision e.V.

Inhaltsverzeichnis

Einleitung

Mit der am 16. 8. 2021 veröffentlichten BAIT-Novelle übernimmt die BaFin die Leitlinien der Europäischen Bankenaufsichtsbehörde EBA für das Management von IKT- und Sicherheitsrisiken (EBA/GL/2019/04) in die BAIT. Das Kürzel IKT steht für Informations- und Kommunikationstechnologien.[1] Weiterhin wurden verschiedene Kapitel inhaltlich neu strukturiert. Die IT-Regulatorik – welche über die EBA veröffentlicht wurde – ist damit zunehmend auch von den europäischen Mitwettbewerbern einzuhalten.

Sofortiges Inkrafttreten

Die neuen BAIT treten mit ihrer Veröffentlichung sofort in Kraft. Wie bereits im Fachgremium IT besprochen wurde, sind Übergangsfristen für die Neuerungen der BAIT nach Auffassung der Aufsicht nicht notwendig, da es sich bei den Neuerungen um Konkretisierungen bereits bestehender Anforderungen und nicht um grundlegend neue Anforderungen handelt.[2] Für die Institute bedeutet dies dennoch einen hohen Umsetzungsdruck, denn die Jahresabschlussprüfer werden bereits im nächsten Jahresabschluss zum Umsetzungsstand der neuen BAIT berichten; die Berichte gehen automatisch zur Aufsicht. Gleichzeitig stellt der Themenbereich der IT neben dem Adressenausfallrisiko einen der zentralen Themenschwerpunkte für IT-Sonderprüfungen dar. Die einzelnen Vorstände haben die zügige Umsetzung zu verantworten.

Hintergrund der Neufassung

Wesentlicher Grund für die Neufassung der BAIT war letztlich die Veröffentlichung der „EBA-Leitlinien für IKT und Sicherheitsrisikomanagement“ im November 2019. Weiterhin sind verschiedene Erfahrungen aus der Aufsichtspraxis in die Überarbeitung der BAIT mit eingeflossen. Im Zuge der Novellierung sind die beiden Kapitel „Operative Informationssicherheit“ und „IT-Notfallmanagement“ neu entstanden. Neue Inhalte sind hierbei Anforderungen zur Überwachung der Informationssicherheit, zur Kontrolle der Wirksamkeit von Informationssicherheitsmaßnahmen und zur Konkretisierung des AT 7.3 MaRisk (Notfallmanagement) im Zusammenhang mit zeitkritischen Prozessen und Aktivitäten. Ergänzt wurden weiterhin Verantwortlichkeiten und Kontrollen für das Informationsrisikomanagement und Anforderungen zur physischen Informationssicherheit.[3]

1) Vgl. BaFin – BAIT-Novelle vom 16. 8. 2021.
2) Vgl. BaFin – BAIT-Novelle 2021: Anschreiben_an_die_Verbaende.pdf.
3) Vgl. BaFin – BAIT-Novelle 2021: Anschreiben_an_die_Verbaende.pdf.

Neuerungen im Überblick

Organisatorisch wurde das frühere Kapitel 5 „Benutzerberechtigungsmanagement“ in die zwei neuen Kapitel 5 „Operative Informationssicherheit“ und Kapitel 6 „Identitäts- und Rechtemanagement“ aufgeteilt. Mit dem Kapitel 10 „IT-Notfallmanagement“ kommt ein neues Kapitel hinzu, welches die Ausführungen der MaRisk zur Notfallplanung ergänzt.

Wesentliche Änderungen beinhalten die neuen Anforderungen an das Informationsrisikomanagement (IRM) mit internen Kontrollen zur Überprüfung der Angemessenheit und Wirksamkeit der Maßnahmen zum Schutz der Informationen, welche zukünftig zu planen und durchzuführen sind. Das Informationssicherheitsmanagement (ISM) muss in Zukunft unter anderem die Wirksamkeit der bestehenden Kontrollen aus der First Line of Defense, d.h. der operativen Informationssicherheit, nachweisen. Auch für den IT-Betrieb steigen insgesamt die Anforderungen an eine notwendige Transparenz sowie den Dokumentationsbedarf der eingesetzten IT-Komponenten. Weiterhin ist auch die Verbesserung bestehender und die Etablierung zusätzlicher IT-Betriebsprozesse, etwa zur Steuerung von Verfügbarkeit und Kapazitäten, notwendig.

Historie

Die Aufsicht sah bereits in jüngster Vergangenheit die Notwendigkeit, eine Spezifizierung der IT-Anforderungen der MaRisk in einem eigenen Papier detaillierter auszuführen. Denn die Informationstechnik in der Finanzindustrie steht in einem zunehmenden Fokus von Angriffen, die sowohl die klassische Bankinfrastruktur als auch die nichtbankfachlichen Prozesse betreffen.[4)]

Da in der globalisierten Finanzwelt immer mehr Menschen Rechnungen in digitaler Form bezahlen, Geldbeträge transferieren und viele Anleger Geldanlagen online tätigen, hat das Thema der IT-Governance und der Informationssicherheit rasant an Bedeutung gewonnen.

Die technische Innovation und die rasante Entwicklung der letzten Jahre haben sich auf Inhalte und Angebote der Finanzdienstleistungen ausgewirkt. Täglich informiert die Presse über neue Risiken und Gefahren bzgl. der IT-cherheit. Um für die Finanzindustrie einen sinnvollen Anforderungsrahmen zu erstellen, der die wesentlichen Erfordernisse der Aufsicht fokussiert, wurden die Bankaufsichtlichen Anforderungen an die IT (BAIT) geschaffen. Diese ergänzen die Ausführungen in den MaRisk zur IT bzw. spezifizieren diese in Teilbereichen. Daher sollte die BAIT immer im Kontext zu den MaRisk betrachtet werden.

4) Vgl. BaFin Rundschreiben 10/2017 (BA) – BAIT: Anschreiben an die Verbände vom 6. 11. 2017.

Die Entwicklung der letzten Jahre hat auch Auswirkungen auf die Prüfungsausrichtung der Internen Revision, die sich in mehrfacher Hinsicht mit den neuen Anforderungen der BAIT auseinanderzusetzen hat. Denn zunächst werden meist bankinterne Projekte aufgesetzt, um die neuen regulatorischen Anforderungen umzusetzen. Hierbei hat die Interne Revision unter Wahrung des Grundsatzes der Unabhängigkeit und unter Vermeidung von Interessenkonflikten (neutrale Rolle) bei wesentlichen Projekten begleitend tätig zu sein.[5] Weiterhin ist die risikoorientierte Prüfungsplanung der Internen Revision bzgl. neuer Prüfungsgebiete, die sich aus den neuen Anforderungen ergeben, zu ergänzen. Hierbei bietet sich eine themenorientierte Ausrichtung an. Nach erfolgter Projekteinführung sind Regelprüfungen in den neuen Prüffeldern durchzuführen. Die Prüfer sind bzgl. der neuen Anforderungen zu schulen.

Das Ziel der BAIT besteht darin, einen verständlichen und flexiblen Rahmen für das Management der IT-Ressourcen, des Informationsrisikos und der Informationssicherheit zu schaffen.[6] Die BAIT sollen auch dazu beitragen, das unternehmensweite IT-Risikobewusstsein in den einzelnen Instituten und gegenüber den Auslagerungsunternehmen zu erhöhen.[7] Auch die Erwartungen der Bankenaufsicht an die Institute in Bezug auf die Steuerung und Überwachung des IT-Betriebs – einschließlich des hierzu notwendigen Berechtigungsmanagements, der Anforderungen an das IT-Projektmanagement und die Anwendungsentwicklung – werden nunmehr transparent.[8] Die BAIT adressieren insgesamt die Themenbereiche, die die Aufsicht aufgrund der Ergebnisse der IT-Prüfungspraxis als besonders wichtig einstuft (vgl. Tabelle 1).[9]

---

5) Vgl. BT 2.1 Tz. 2 MaRisk.

6) Vgl. BaFin: IT-Sicherheit: Aufsicht konkretisiert Anforderungen an die Kreditwirtschaft vom 15. 1. 2018 (https://www.bafin.de/SharedDocs/Veroeffentlichungen/DE/Fachartikel/2018/fa_bj_1801_BAIT.html).

7) Vgl. ebenda.

8) Vgl. ebenda.

9) Vgl. ebenda.

Ziele der BAIT
• Einen verständlichen Rahmen für das Management der IT-Ressourcen, des Informationsrisikos und der Informationssicherheit schaffen. • Das unternehmensweite IT-Risikobewusstsein in den Instituten und gegenüber den Auslagerungsunternehmen erhöhen. • Die Erwartungen der Aufsicht in Bezug auf die IT transparent machen. Die BAIT adressieren insgesamt die Themenbereiche, die die Aufsicht aufgrund der Ergebnisse der IT-Prüfungspraxis als besonders wichtig einstuft. • Interpretation der MaRisk sowie der gesetzlichen Anforderungen des § 25a Abs. 1 Nr. 4 und 5 und § 25b des KWG.

Tabelle 1: Ziele der BAIT[10]

Die BAIT sind, wie in Tabelle 2 komprimiert dargestellt, strukturiert.

Vorbemerkung	• Bedeutung des Rundschreibens • Prinzipienorientierte Anwendung gemäß den MaRisk
IT-Strategie	• Verantwortlichkeit der Geschäftsleitung für IT-Strategie • Mindestinhalte einer IT-Struktur
IT-Governance	• Anforderungen an IT-Aufbau- und IT-Ablauforganisation • Anforderungen an personelle Ausstattung im Bereich IT • Struktur für die Steuerung sowie die Überwachung des Betriebs und der Weiterentwicklung der IT-Systeme
Informations risikomanagement	• Mindestanforderungen an das Informationsrisikomanagement • Schutzbedarf, Schutzziele und Risikoanalysen
Informations sicherheitsmanagement	• Mindestanforderungen an das Informationssicherheitsmanagement • Anforderungen an die Funktion des Informationssicherheitsbeauftragten
Operative Informations sicherheit	• Umsetzung der Anforderungen aus dem Informationssicherheitsmanagements • Angemessene Überwachungs- und Steuerungsprozesse für IT-Systeme

10) Vgl. ebenda.

Identitäts- und Rechte-management	• Ausgestaltung der Benutzerrechte nach den organisatorischen und fachlichen Vorgaben des Instituts • Zugriffs-, Zugangs- und Zutrittsrechte sind Bestandteile des Informationsverbunds
IT-Projekte, Anwendungsentwicklung	• Steuerung und Überwachung von IT-Projekten • Festlegung von Prozessen für die Anwendungsentwicklung • Anforderungen an individuelle Datenverarbeitung (IDV)
IT-Betrieb	• Steuerung des Portfolios aus IT-Systemen • Change-Management-Prozesse • Incident-Management-Prozesse • Datensicherung
Auslagerungen und sonstiger Fremdbezug von IT-Dienstleistungen	• Konkretisierung der Anforderungen gemäß AT 9 Ma-Risk in Bezug auf IT-Dienstleistungen
IT-Notfall-management	• Definition von Zielen zum Notfallmanagement und daraus abgeleiteter Notfallmanagementprozess • Maßnahmen müssen geeignet sein, Schäden zu reduzieren.
Kunden-beziehungen mit Zahlungsdienst-nutzern	• Gemäß § 53 ZAG sind Risikominderungsmaßnahmen zur Beherrschung der operationellen und sicherheitsrelevanten Risiken inkl. Maßnahmen, mit denen die Zahlungsdienstnutzer für die Reduzierung, insbesondere von Betrugsrisiken, direkt adressiert werden, aufzusetzen. • Management der Beziehungen mit den Zahlungsdienstnutzern ist zu etablieren.
Kritische Infrastrukturen	• Kapitel richtet sich an KRITIS-relevante Institute, d.h. jene, die kritische Infrastrukturen unterhalten. • Es ergänzt die BAIT um Anforderungen an die wirksame Umsetzung besonderer Maßnahmen zum Erreichen der KRITIS-Schutzziele.

Tabelle 2: Kurzüberblick über die neuen BAIT[11]

11) Vgl. BaFin Rundschreiben 10/2017 (BA) in der Fassung vom 16. 8. 2021 – An alle Kreditinstitute und Finanzdienstleistungsinstitute in der Bundesrepublik Deutschland Bankaufsichtliche Anforderungen an die IT (BAIT).

In den einzelnen Instituten werden verschiedene Umsetzungsprojekte aufgesetzt, um den jeweiligen Handlungsbedarf zu ermitteln. Hierbei eignet sich die Vorgehensweise mittels einer Gap-Analyse, die die Handlungsempfehlungen direkt ausarbeitet.

Der zeitliche Druck für die Umsetzung ist groß, denn das Rundschreiben tritt sofort in Kraft. Das bedeutet, dass sowohl durch die Aufsicht als auch im Rahmen von Abschluss- bzw. Sonderprüfungen der Umsetzungsstand im Institut geprüft wird.

Der Umsetzungsverlauf der BAIT kann sich wie in Tabelle 3 dargestellt gestalten.

Festlegung von Zielen	**Definition von Handlungsempfehlungen**	**Umsetzung von Maßnahmen**
• Erstellung eines Anforderungskatalogs zu den BAIT • Abgrenzung des Anwendungsbereichs • Qualitätssicherung	• Ist-Erhebung • Gap-Analyse (Soll-/Ist-Vergleich) • Risikoanalyse • Ableitung von Maßnahmen aus beiden Analysen	• Verschiedene Umsetzungsaktivitäten (intern wie extern)

Tabelle 3: Vorgehensplan zur Umsetzung der BAIT[12)]

Aus Sicht der Internen Revision ist es im Rahmen einer prozessunabhängigen Projektbegleitung wichtig, auf eine vollständige Dokumentation der Umsetzungsaktivitäten zu achten, damit keine Lücken im Projektablauf sowie daran anschließend im täglich gelebten Prozessablauf entstehen. Denn diese Lücken führen regelmäßig zu Mängeln in der ordnungsgemäßen Geschäftsorganisation (SFO).[13)]

Der folgende Abschnitt stellt die zentralen Anforderungen der BAIT dar. Hierbei wird zunächst die Bedeutung der BAIT für die Interne Revision dargestellt und die Überarbeitung der risikoorientierten Prüfungsausrichtung beschrieben. Es folgen einzelne bankaufsichtsrechtliche Ausführungen zu den neuen Kernelementen der BAIT sowie zu den IT-Erfordernissen in den MaRisk.

12) Eigene Darstellung.

13) Vgl. Becker, A.: Prüfung der Mindestanforderungen an die Sicherheit von Internetzahlungen durch die Interne Revision, in: Bearbeitungs- und Prüfungsleitfaden MASI, Heidelberg 2016, S. 86.

Risikoorientierte Prüfungsplanung

Die Interne Revision hat die Prüffelder der BAIT und der MaRisk in Bezug auf IT-Themen analog zu den weiteren Prüffeldern der MaRisk innerhalb der risikoorientierten Prüfungsplanung zu berücksichtigen. Es ist zu empfehlen, die Prüffelder in die regelmäßig durchzuführenden Jahresplanungen zu integrieren. Sowohl durch den Jahresabschlussprüfer als auch durch einen möglichen Sonderprüfer (nach § 44 KWG) könnte die Berücksichtigung in der Planung hinterfragt werden.

Risikobewusstsein schärfen

Ein zentrales Ziel der BAIT ist, das *Risikobewusstsein* in den einzelnen Instituten zu schärfen. Unter dem Begriff IT-Risiko versteht die Aufsicht alle Risiken für die Vermögens- und Ertragslage der Institute, die aufgrund von Mängeln entstehen, die das IT-Management bzw. die IT-Steuerung, die Verfügbarkeit, Vertraulichkeit, Integrität und Authentizität der Daten, das interne Kontrollsystem der IT-Organisation, die IT-Strategie, -leitlinien und -Aspekte der Geschäftsordnung oder den Einsatz von Informationstechnologie betreffen.[14)] Das Risikobewusstsein sollte sich auch in den Prüfungsplanungen der Internen Revisionen widerspiegeln.

Risikoorientierte Planung

Dabei ist es wichtig, dass sich die Interne Revision auf die *wesentlichen Risiken* im Institut konzentriert, bzw. den Prüfungsturnus daraus ableitet. Die MaRisk sehen eine risikoorientierte Prüfungsplanung explizit vor.[15)] Die Aktivitäten und Prozesse des Instituts sind, auch wenn diese ausgelagert sind, in angemessenen Abständen, grundsätzlich innerhalb von drei Jahren, zu prüfen.[16)] Für die risikoorientierte Bewertung der Internen Revision sind mehrere Schritte erforderlich.

Die BaFin stellt in dem Anschreiben zu den BAIT die herausragende Bedeutung der IT als Basisinfrastruktur für sämtliche bankfachlichen, aber auch alle nichtbankfachlichen Prozesse in den Instituten dar.[17)] Aufgrund dieser enormen Bedeutung hat das Thema IT in jeder risikoorientieren Prüfungsplanung einen wichtigen Stellenwert einzunehmen. Das Prüfungsuniversum ist

---

14) Vgl. BaFin: IT-Sicherheit: Aufsicht konkretisiert Anforderungen an die Kreditwirtschaft vom 15. 1. 2018 (https://www.bafin.de/SharedDocs/Veroeffentlichungen/DE/Fachartikel/2018/fa_bj_1801_BAIT.html).

15) Vgl. BT 2.3 Tz. 1 MaRisk.

16) Vgl. ebenda.

17) Vgl. BaFin Rundschreiben 10/2017 (BA) – BAIT: Anschreiben an die Verbände vom 6. 11. 2017.

an die einzelnen, in den BAIT aufgeführten Bereiche anzupassen. Ob hierzu die exakte Gliederung der BAIT übernommen wird oder bestehende Prüffelder bzgl. der BAIT abgeglichen bzw. ergänzt werden, kann jede Revision selbst entscheiden.

Zunächst müssen – auch fortlaufend – die Revisionsobjekte vollständig in das Prüfungsuniversum aufgenommen werden. Denn die dort enthaltenen Aktivitäten und Prozesse sind einem fortlaufenden Veränderungsprozess unterworfen. In Kreditinstituten entfallen regelmäßig alte Aktivitäten/Prozesse und neue kommen hinzu. Dem Prüfgebiet der BAIT kommt eine besondere Bedeutung zu, da durch den technologischen Fortschritt neue Prozesse in den Kreditinstituten entstehen und diese im Prüfungsuniversum der Internen Revision ergänzt werden müssen.

Bewertung einzelner Prüfungsobjekte

Im nächsten Schritt sind anhand revisionsintern definierter Risikokriterien die einzelnen Prüfungsobjekte zu bewerten. Dabei ist zu berücksichtigen, dass Pflichtprüfungen der Internen Revision immer jährlich durchzuführen sind. Vor dem Hintergrund der Aktualität und der bankaufsichtlichen Relevanz sollten die BAIT frühzeitig geprüft werden. Hierbei kann der Prüfer bewerten, ob auch alle notwendigen Anforderungen zeitnah und umfänglich umgesetzt wurden und die erforderlichen Kontrollprozesse implementiert wurden.

Aus Sicht des Autors empfiehlt es sich, die strukturelle Gliederung der BAIT zu übernehmen, um für externe Prüfungen (Jahresabschlussprüfungen, Sonderprüfungen) gerüstet zu sein. Wichtig ist auch, dass die Interne Revision eines KRITIS-Betreibers auch das Prüffeld KRITIS mit in die risikoorientierte Prüfungslandkarte integriert.

Themengebiete der IT-Revision

Die Themenbereiche der IT-Revision sollten innerhalb der risikoorientierten Prüfungsplanung auf Grundlage der BAIT neu bewertet und überarbeitet werden. Hierbei könnte die Struktur der Tabelle 4 verwendet werden.

Mögliche Prüffelder der BAIT
IT-Strategie
IT-Governance
Informationsrisikomanagement
Informationssicherheitsmanagement
Operative Informationssicherheit
Identitäts- und Rechtemanagement
IT-Projekte, Anwendungsentwicklung
IT-Betrieb
Auslagerungen und sonstiger Fremdbezug von IT-Dienstleistungen
IT-Notfallmanagement
Management der Beziehungen mit Zahlungsdienstnutzern
Kritische Infrastrukturen (falls KRITIS-Relevanz besteht)

Tabelle 4: Vorschlag für neue Prüffelder durch die BAIT

Der Jahresabschlussprüfer wird sich in der Prüfungspraxis davon überzeugen, ob sich die Interne Revision den Themen der BAIT gestellt und diese auch in ihrer Prüfungsplanung berücksichtigt hat. Weiterhin steht die risikoorientierte Prüfungsplanung der Internen Revision auch regelmäßig im Fokus der bankaufsichtsrechtlichen Sonderprüfungen nach § 44 KWG.

Erarbeiten der notwendigen Prüfungstechnik

Die Prüfer sollten hinsichtlich der neuen Anforderungen der BAIT eingehend geschult werden. Weiterhin ist es notwendig, erforderliche Prüfungsprogramme für die einzelnen Themenbereiche der BAIT zu erstellen. Hierbei werden die in diesem Text enthaltenen Checklisten eine Hilfestellung geben.

Die Checkliste der Tabelle 5 zum *risikoorientierten Prüfungsansatz* greift nochmals die wesentlichen Punkte auf, die bei der risikoorientierten Planung zu berücksichtigen sind.

Risikoorientierte Prüfungsplanung

• Sind folgende Themen in den Prüffeldern der IT-Revision abgedeckt?
  • IT-Strategie
  • IT-Governance
  • Informationsrisikomanagement
  • Informationssicherheitsmanagement
  • Operative Informationssicherheit
  • Identitäts- und Rechtemanagement
  • IT-Projekte, Anwendungsentwicklung (inkl. durch Endbenutzer in den Fachbereichen)
  • IT-Betrieb (inkl. Datensicherung)
  • Auslagerungen und sonstiger Fremdbezug von IT-Dienstleistungen
  • IT-Notfallmanagement
  • Kundenbeziehungen mit Zahlungsdienstnutzern (falls relevant)
  • Kritische Infrastrukturen (KRITIS – falls relevant)
• Werden im Rahmen der risikoorientierten Planung die auf die Prüfung bezogenen wesentlichen Risiken berücksichtigt?
• Wird die Risikoeinstufung des Prüfungsobjektes kontinuierlich angepasst?
• Prüft die Interne Revision im angemessenen risikoorientierten Turnus die einzelnen Prüffelder der BAIT?
• Bereitet sich der Prüfer anhand eines adäquaten Prüfungsprogrammes auf die Prüfung vor?
• Werden durch die Prüfungsprogramme alle Anforderungen der BAIT lückenlos abgedeckt?
• Sind die Internen Revisoren im Hinblick auf die BAIT ausreichend geschult?
• Wurde die Interne Revision in das wesentliche Projekt „Umsetzung BAIT“ miteingebunden?

Tabelle 5: Checkliste risikoorientierte Prüfungsplanung

1. IT-Strategie

Nach den MaRisk hat die Geschäftsleitung eine nachhaltige Geschäftsstrategie festzulegen, in der die Ziele des Instituts für jede wesentliche Geschäftsaktivität sowie Maßnahmen zur Erreichung dieser Ziele dargestellt werden.[18] Bei der Festlegung und Anpassung der Geschäftsstrategie sind sowohl externe Einflussfaktoren, wie z.B. die Marktentwicklung, die Wettbewerbssituation sowie das regulatorische Umfeld, als auch interne Einflussfaktoren, wie z.B. die Risikotragfähigkeit, die Liquidität, die Ertragslage sowie personelle und technisch-organisatorische Ressourcen, mit zu berücksichtigen.[19] Im Hinblick auf die zukünftige Entwicklung der relevanten Einflussfaktoren sind Annahmen zu treffen.[20] Diese Annahmen sind einer regelmäßigen bzw. anlassbezogenen Überprüfung zu unterziehen; erforderlichenfalls ist die Geschäftsstrategie anzupassen.[21]

Dabei steigt auch die Bedeutung der IT-Themen in den strategischen Aussagen der Unternehmen. Denn für viele Finanzdienstleister sind die Investitionen in eine moderne und leistungsfähige IT existenziell. Die Themenbereiche Digitalisierung und IT-Sicherheit sind mittlerweile feste Bestandteile der strategischen Ausrichtung vieler Kreditinstitute.

1.1

Die IT-Strategie hat die Anforderungen nach AT 4.2 der MaRisk zu erfüllen. Dies beinhaltet insbesondere, dass die Geschäftsleitung eine nachhaltige IT-Strategie festlegt, in der die Ziele sowie die Maßnahmen zur Erreichung dieser Ziele dargestellt werden.

Die Ausstattung und Organisation der IT innerhalb des Kreditinstituts gehört originär zu den Aufgaben der Geschäftsleitung, die eine ordnungsgemäße Geschäftsorganisation im Kreditinstitut vorhalten muss. Wichtig ist der Aufsicht die nachhaltige Ausgestaltung, d.h. die Berücksichtigung des Going-Concern-Prinzips. Gleichzeitig wird ein Regelkreislauf von Maßnahmen zur Erreichung der Strategie und der regelmäßigen Überprüfung/Anpassung gefordert. Hierbei gewinnen im Rahmen der in- und externen Prüfungen die Mechanismen zur Überprüfung einzelner strategischen Ziele – sog. Key Performance Indicators (KPI) – enorm an Bedeutung. Dabei geht es darum, alle wesentlichen inhaltlichen Komponenten der IT-Strategie messbar in Form von nachprüfbaren Kriterien zu bewerten und zu überwachen. Daraus ergibt sich ggf. am Jahresende Korrekturbedarf, welcher wieder in die neuen KPIs einfließt (Regelkreislauf). Diese sind zum wichtigen Prüfungsinhalt externer

18) Vgl. AT 4.2 Tz. 1 MaRisk.
19) Vgl. AT 4.2 Tz. 2 MaRisk.
20) Vgl. AT 4.2 Tz. 3 MaRisk.
21) Vgl. AT 4.2 Tz. 1 MaRisk.

Prüfungen geworden (Abschlussprüfer, Sonderprüfer). Die Erstellung und Vorlage für die IT-Strategiekomponenten wird regelmäßig von der IT-Organisation in den Bankinstituten vorgenommen.

Die Kernfragen der Internen Revision lauten:

- Existiert eine inhaltlich in sich schlüssige IT-Strategie?
- Werden die notwendigen Maßnahmen aus den strategischen Erläuterungen abgeleitet?
- Gibt es einen konsistenten Regelkreislauf zwischen strategischen Vorgaben, Maßnahmen und der Überprüfung/Anpassung der Strategie?
- Sind die einzelnen strategischen Komponenten in Form von Key Performance Indicators (KPI) definiert und werden diese regelmäßig von den zuständigen Fachbereichen überprüft?
- Liegen für alle wesentlichen Komponenten der IT-Strategie messbare KPIs vor und werden diese fortlaufend gemessen?
- Gibt es hierfür eine Regelung in der schriftlich fixierten Ordnung?
- Existiert ein Regelkreislauf zur Überprüfung der strategischen Parameter?
- Sind die verschiedenen Strategien untereinander abgestimmt (Geschäftsstrategie mit IT-Strategie etc.)?

1.2

Die Geschäftsleitung hat eine mit der Geschäftsstrategie konsistente IT-Strategie festzulegen. Mindestinhalte sind:

(a) Strategische Entwicklung der IT-Aufbau- und IT-Ablauforganisation des Instituts sowie IT-Dienstleistungen und sonstige wichtige Abhängigkeiten von Dritten,

(b) Zuordnung der gängigen Standards, an denen sich das Institut orientiert, auf die Bereiche der IT und der Informationssicherheit,

(c) Ziele, Zuständigkeiten und Einbindung der Informationssicherheit in die Organisation,

(d) Strategische Entwicklung der IT-Architektur,

(e) Aussagen zum IT-Notfallmanagement unter Berücksichtigung der Informationssicherheitsbelange,

(f) Aussagen zu den in den Fachbereichen selbst betriebenen bzw. entwickelten IT-Systemen (Hardware- und Software-Komponenten).

Dabei lassen sich die Inhalte wie in Tabelle 6 dargestellt zuordnen.

Mindestinhalte der IT-Strategie	**Erläuterung**
Strategische Entwicklung der IT-Aufbau- und IT-Ablauforganisation des Instituts sowie der Auslagerungen von IT-Dienstleistungen	Beschreibung der Rolle, der Positionierung und des Selbstverständnisses der IT im Hinblick auf Personaleinsatz und Budget der IT-Aufbau- und IT-Ablauforganisation sowie die Darstellung und strategische Einordnung der IT-Dienstleistungen und möglicher sonstiger wichtiger Abhängigkeiten von Dritten (wie z.B. Zentralbankfunktionen, Informationsdiensten, Telekommunikationsdienstleistungen, Versorgungsleistungen). Aussagen zu Auslagerungen von IT-Dienstleistungen können auch in den strategischen Ausführungen zu Auslagerungen enthalten sein.[22)]
Zuordnung der gängigen Standards, an denen sich das Institut orientiert, auf die Bereiche der IT und der Informationssicherheit	Auswahl der gängigen Standards und Umsetzung auf die IT-Prozesse und das Informationssicherheitsmanagement des Instituts sowie Darstellung des avisierten Implementierungsumfangs der jeweiligen Standards.[23)]
Ziele, Zuständigkeiten und Einbindung der Informationssicherheit in die Organisation	Beschreibung der Bedeutung der Informationssicherheit im Institut sowie der Einbettung der Informationssicherheit in die Fachbereiche und in das jeweilige Zusammenarbeitsmodell mit den IT-Dienstleistern. Dies beinhaltet auch grundlegende Aussagen zur Schulung und Sensibilisierung zur Informationssicherheit.[24)]
Strategische Entwicklung der IT-Architektur	Darstellung des Zielbilds der IT-Architektur in Form eines Überblicks über die Anwendungslandschaft.[25)]
Aussagen zum Notfallmanagement unter Berücksichtigung der Informationssicherheitsbelange	Hierbei sollten strategische Aussagen zum neuen Kapitel 10 der BAIT, dem Notfallmanagement, getroffen werden.
Aussagen zu den in den Fachbereichen selbst betriebenen bzw. entwickelten IT-Systemen (Hardware- und Software-Komponenten)	Die Aussagen könnten den strategischen Umgang mit selbst entwickelten Anwendungen beschreiben. Hierbei ist insbesondere die selbst erstellte IDV (z.B. Excel-Anwendungen) angesprochen.

Tabelle 6: Mindestinhalte der IT-Strategie

Wichtig für die Beschreibung der IT-Strategie ist die Erfüllung der genannten Mindestangaben sowie deren konsequenten Aktualisierung und Weiterführung. Es ist zu erwarten, dass dies Grundlage bei externen Prüfungen sein wird. Auch im Rahmen von § 44 KWG-Prüfungen ist zu erwarten, dass die IT-Strategie einer kritischen Würdigung unterzogen wird.

Die Bankenaufsicht hatte im Zusammenhang mit der IT-Strategie im Rahmen ihrer Prüfungen folgende Feststellungen getroffen:[26)]

- Die Strategie wurde nicht dem Aufsichtsorgan zur Kenntnis gebracht.
- Die strategischen Vorgaben wurden konkretisiert; es erfolgte jedoch keine Erfolgsmessung.
- Erwartet werden in der Prüfungspraxis auch eine Einschätzung des IT-Risikos und Erläuterungen zur aktuellen IT-Bedrohungslage

Die Checkliste der Tabelle 7 soll wesentliche Prüfungsfragen zur IT-Strategie zusammenfassen und als Hilfsinstrument bei der internen Umsetzung in den einzelnen Kreditinstituten dienen.

Nr.	Revisionsseitige Fragestellungen	Erfüllt
1	Existiert eine in sich schlüssige Geschäftsstrategie?	
2	Wurde die IT-Strategie aus der Geschäftsstrategie schlüssig abgeleitet (Stimmige Schnittstellen und inhaltliche Angaben)?	
2	Erfüllt die IT-Strategie die gesetzlichen und bankaufsichtsrechtlichen Vorgaben, insbesondere der MaRisk und BAIT?	
3	Werden darin die Ziele des Instituts für jede wesentliche IT-Aktivität sowie Maßnahmen zur Erreichung der IT-Ziele dargestellt und beschrieben?	

22) Vgl. Erläuterungen zu 1.2 BAIT.
23) Vgl. Erläuterungen zu 1.2 BAIT.
24) Vgl. Erläuterungen zu 1.2 BAIT.
25) Vgl. Erläuterungen zu 1.2 BAIT.
26) Vgl. Zunker T., Erfahrungsbericht: Bankaufsichtliche IT-Prüfungen, in: Revisions-Praktiker 12 – 01/2018, Heidelberg 2018, S. 232.

Nr.	Revisionsseitige Fragestellungen	Erfüllt
4	Werden bei der Festlegung und Anpassung der IT-Strategie sowohl externe als auch interne Einflussfaktoren berücksichtigt? Beispiele hierfür sind die IT-Sicherheitslage, IT-Bedrohungslage, IT-Entwicklung, die Wettbewerbssituation, das regulatorische Umfeld, interne Einflussfaktoren wie z.B. die interne Beurteilung der Informationssicherheit, des IT-Schutzbedarfs, der IT-Risikoanalyse, IT-Prozesse sowie personelle und technisch-organisatorische Ressourcen.	
5	Werden im Hinblick auf die zukünftige IT-Entwicklung der relevanten Einflussfaktoren nachvollziehbare Annahmen getroffen?	
6	Werden in der IT-Strategie durch die Geschäftsleitung nachhaltige Ziele sowie Maßnahmen zur Erreichung der Ziele festgelegt?	
7	Enthält die IT-Strategie die in den BAIT vorgegebenen Mindestkomponenten? (a) Strategische Entwicklung der IT-Aufbau- und IT-Ablauforganisation des Instituts sowie IT-Dienstleistungen und sonstiger wichtigen Abhängigkeiten von Dritten (b) Zuordnung der gängigen Standards, an denen sich das Institut orientiert, auf die Bereiche der IT und der Informationssicherheit (c) Ziele, Zuständigkeiten und Einbindung der Informationssicherheit in die Organisation (d) Strategische Entwicklung der IT-Architektur (e) Aussagen zum IT-Notfallmanagement unter Berücksichtigung der Informationssicherheitsbelange (f) Aussagen zu den in den Fachbereichen selbst betriebenen bzw. entwickelten IT-Systemen (Hardware- und Software-Komponenten	

Nr.	Revisionsseitige Fragestellungen	Erfüllt
8	Wird in der IT-Strategie die Beschreibung der Rolle, der Positionierung und des Selbstverständnisses der IT im Hinblick auf Personaleinsatz und Budget der IT-Aufbau- und IT-Ablauforganisation sowie die Darstellung und strategische Einordnung der IT-Dienstleistungen und möglicher sonstiger wichtiger Abhängigkeiten von Dritten (wie z.B. Zentralbankfunktionen, Informationsdiensten, Versorgungsleistungen) dargestellt?	
9	Sind dort auch Aussagen zu Auslagerungen von IT-Dienstleistungen in den strategischen Ausführungen zu Auslagerungen enthalten?	
10	Enthält die IT-Strategie eine Auswahl der gängigen Standards und Umsetzung auf die IT-Prozesse und das Informationssicherheitsmanagement des Instituts sowie Darstellung des avisierten Implementierungsumfangs der jeweiligen Standards?	
11	Ist weiterhin eine Beschreibung der Bedeutung der Informationssicherheit im Institut sowie der Einbettung der Informationssicherheit in die Fachbereiche und in das jeweilige Zusammenarbeitsmodell mit den IT-Dienstleistern enthalten? (Dies umfasst auch grundlegende Aussagen zur Schulung und Sensibilisierung zur Informationssicherheit)	
12	Enthält die Darstellung des Zielbilds der IT-Architektur in Form eines Überblicks über die Anwendungslandschaft((Die Frage ist nicht vollständig, bitte ergänzen.))	
13	Sind die Aussagen zum IT-Notfallmanagement unter Berücksichtigung der Informationssicherheitsbelange im Einklang mit der implementierten Notfallplanung (BAIT Kapitel 10)?	
14	Werden die strategischen Parameter inhaltlich anhand nachvollziehbarer Kriterien (KPI) in allen Elementen überprüft?	

Tabelle 7: Checkliste IT-Strategie

2. IT-Governance

> 2.1
>
> Die IT-Governance ist die Struktur zur Steuerung sowie Überwachung des Betriebs und der Weiterentwicklung der IT-Systeme einschließlich der dazugehörigen IT-Prozesse auf Basis der IT-Strategie. Hierfür maßgeblich sind insbesondere die Regelungen zur IT-Aufbau- und IT-Ablauforganisation (vgl. AT 4.3.1 MaRisk), zum Informationsrisiko- sowie Informationssicherheitsmanagement (vgl. AT 4.3.2 MaRisk, AT 7.2 Tzn. 2 und 4 MaRisk), zur quantitativ und qualitativ angemessenen Personalausstattung der IT (vgl. AT 7.1 MaRisk) sowie zum Umfang und zur Qualität der technisch/organisatorischen Ausstattung (vgl. AT 7.2 Tz. 1 MaRisk). Regelungen für die IT-Aufbau- und IT-Ablauforganisation sind bei Veränderungen der Aktivitäten und Prozesse zeitnah anzupassen (vgl. AT 5 Tzn. 1 und 2 MaRisk).

Die maßgeblichen Grundlagen der IT-Governance aus den MaRisk sind in Tabelle 8 dargestellt.

Grundlagen der IT-Governance
• Regelungen zur IT-Aufbau- und IT-Ablauforganisation (vgl. AT 4.3.1 MaRisk) • Regelungen zum Informationsrisiko- und Informationssicherheitsmanagement (vgl. AT 4.3.2 MaRisk, AT 7.2 Tzn. 2 und 4 MaRisk) • Regelungen zur quantitativ und qualitativ angemessenen Personalausstattung der IT (vgl. AT 7.1 MaRisk) • Regelungen zum Umfang und zur Qualität der technisch-organisatorischen Ausstattung (vgl. AT 7.2 Tz. 1 MaRisk)

Tabelle 8: Grundlagen der IT-Governance[27)]

Für die Prüfungspraxis empfiehlt sich die Erstellung eines übergeordneten, ganzheitlichen Governance-Papiers, welches die wesentlichen Elemente der Governance des Instituts umfasst. Dies ist regelmäßig Grundlage von externen Prüfungen wie § 44 KWG-Prüfungen durch die Aufsicht, die die Umsetzung der IT-Governance als Prüfungsinhalt hat.

Die BAIT konkretisiert diese Vorgaben in 2.2 bis 2.5.

27) Vgl. Tz. 3 BAIT.

> 2.2
>
> Die Geschäftsleitung ist dafür verantwortlich, dass auf Basis der IT-Strategie die Regelungen zur IT-Aufbau- und IT-Ablauforganisation festgelegt und bei Veränderungen der Aktivitäten und Prozesse zeitnah angepasst werden. Es ist sicherzustellen, dass diese Regelungen wirksam umgesetzt werden.

Verantwortung der Geschäftsleitung

Damit hebt die Aufsicht die Verantwortung gem. § 25a KWG der Geschäftsleitung hervor, denn die IT-Governance ist ein fester Bestandteil der ordnungsgemäßen Geschäftsorganisation. Dies wird bei externen Prüfungen intensiv hinterfragt. Insbesondere die Umsetzung des Three(Four)-Lines-of-Defense-Ansatzes bei den Schlüsselfunktionen in der IT wird in der Praxis oft eingefordert. Grundsätzlich hat es sich als sehr sinnvoll erwiesen, vor den Arbeitsanweisungen zur IT einen separaten Vorspann zur IT-Governance zu erstellen, der alle wesentlichen Governance-Regelungen zusammenfasst. Damit können Institute im Rahmen von Sonderprüfungen punkten.

> 2.3
>
> Das Institut hat insbesondere das Informationsrisikomanagement, das Informationssicherheitsmanagement, den IT-Betrieb und die Anwendungsentwicklung quantitativ und qualitativ angemessen mit Ressourcen auszustatten.

Die Geschäftsleitung hat dafür Sorge zu tragen, dass insbesondere das Informationsrisiko und das Informationssicherheitsmanagement, der IT-Betrieb und die Anwendungsentwicklung angemessen mit Personal ausgestattet sind. Dies ist aus Sicht der Aufsicht wichtig, damit das Risiko einer qualitativen oder quantitativen Unterausstattung dieser Bereiche frühzeitig erkannt und möglichst umgehend behoben werden kann. Aus demselben Grund enthalten die BAIT die Anforderung, unvereinbare Tätigkeiten innerhalb der IT-Aufbau- und IT-Ablauforganisation zu vermeiden.[28]

Hinsichtlich der Maßnahmen zur Erhaltung einer angemessenen qualitativen Personalausstattung werden insbesondere der Stand der Technik sowie die aktuelle und zukünftige Entwicklung der Bedrohungslage berücksichtigt.[29]

28) Vgl. 2.3 BAIT.

29) Vgl. Erläuterungen zu 2.3 BAIT.

2.4 Interessenkonflikte und unvereinbare Tätigkeiten innerhalb der IT-Aufbau- und IT-Ablauforganisation sind zu vermeiden.

Interessenkonflikte

Interessenkonflikte sind beispielsweise Verstöße gegen die funktionale Trennung. Interessenkonflikten zwischen Aktivitäten, die beispielsweise im Zusammenhang mit der Anwendungsentwicklung und den Aufgaben des IT-Betriebs stehen, kann durch aufbau- und ablauforganisatorische Maßnahmen bzw. durch eine adäquate Rollendefinition begegnet werden.[30] Hierbei stellen die BAIT klar, dass analog der MaRisk die Grundlagen zur funktionalen Trennung uneingeschränkt eingehalten werden müssen. In der Bankpraxis empfiehlt sich die ganzheitliche Umsetzung des Three-Lines-of-Defense-Ansatzes über alle Elemente/Funktionen der IT.

Mögliche Interessenkonflikte aus der Praxis

Mögliche Interessenkonflikte aus der Praxis könnten bei den in Tabelle 9 dargestellten Konstellationen entstehen.[31]

Exemplarische Verstöße gegen die funktionale Trennung
Die programmtechnischen Vorgaben zur Programmierung der neuen Handelsüberwachung werden direkt vom Handel an die institutseigenen IT-Programmierer weitergegeben.
Die institutseigene Anwendungsentwicklung ist nicht von dem Fachbereich getrennt, in dem die Anwendung im Tagesbetrieb eingesetzt wird.
Im Urlaub kontrolliert ein Mitarbeiter des Handels die abwicklungsseitigen Handelsgeschäfte, weil der Mitarbeiter der Abwicklung sein Passwort an den Händler weitergegeben hatte.
Innerhalb der Administratoren gibt es keine funktionale Aufteilung/Trennung.
Der Informationssicherheitsbeauftragte (2nd Line) übernimmt die Aufgaben der Internen Revision (3rd Line).

Tabelle 9: Exemplarische Verstöße gegen die funktionale Trennung

30) Vgl. Erläuterungen zu 2.4 BAIT.

31) Die in der dargestellten Tabelle aufgeführten Fälle erheben keinen Anspruch auf Vollständigkeit und dienen lediglich als Beispiele.

> 2.5
>
> Zur Steuerung der für den Betrieb und die Weiterentwicklung der IT-Systeme zuständigen Bereiche durch die Geschäftsleitung sind angemessene quantitative oder qualitative Kriterien durch diese festzulegen. Die Einhaltung der Kriterien ist zu überwachen.

Bei der Festlegung der Kriterien können z.B. die Qualität der Leistungserbringung, die Verfügbarkeit, Wartbarkeit, Anpassbarkeit an neue Anforderungen, Sicherheit der IT-Systeme oder der dazugehörigen IT-Prozesse sowie deren Kosten berücksichtigt werden.[32]

Interne Revision

Der Internen Revision kommt die Aufgabe zu, im Rahmen von Prüfungen das Vorhandensein und die Funktionsweise der IT-Governance zu prüfen. Hierbei ist insbesondere eine Aussage über die Funktionsfähigkeit der Struktur zur Steuerung und Überwachung des IT-Betriebs und der Weiterentwicklung der IT-Systeme einschließlich der dazugehörigen IT-Prozesse zu treffen. Auch sollte die Interne Revision auf die Struktur und Funktionsweise der IT-Aufbau- und Ablaugorganisation eingehen und diese bewerten.

IT-Governance-Leitfaden – Beispiel

Grundsatz (Definition)

Die IT-Governance der Bank ist die Struktur zur übergeordneten Steuerung sowie Überwachung des Betriebs und der Weiterentwicklung der IT-Systeme einschließlich der dazugehörigen IT-Prozesse auf Basis der IT-Strategie. Hierfür maßgeblich sind insbesondere die regelmäßig zu aktualisierenden Regelungen zur IT-Aufbau- und IT-Ablauforganisation, zum Informationsrisiko-/Informationssicherheitsmanagement, Vorgaben zur quantitativ und qualitativ angemessenen Personalausstattung der IT sowie Vorgaben zum Umfang und zur Qualität der technisch-organisatorischen Ausstattung. Bei der Umsetzung des Grundsatzes der IT-Governance orientiert sich das Institut an den gesetzlichen und bankaufsichtsrechtlichen Vorgaben, insbesondere an den BAIT.

Hierauf folgt die Darstellung der aufbau- und ablauforganisatorischen Regelungen:

32) Vgl. Erläuterungen zu 2.5 BAIT.

Angemessene quantitative und qualitative Personalausstattung

Weiterhin sorgt das Institut dafür, dass das Informationsrisikomanagement, das Informationssicherheitsmanagement, der IT-Betrieb und die Anwendungsentwicklung quantitativ und qualitativ angemessen mit Personal ausgestattet sind. Die Personalausstattung bemisst sich auch an der Größe des Instituts und dem erforderlichen Personalbedarf vor dem Hintergrund der aktuellen und künftigen Bedrohungslage. Hierfür gelten folgende Grundsätze:

Vorgaben zur quantitativ und qualitativ angemessenen Personalausstattung der IT (vgl. AT 7.1 MaRisk sowie Kapitel 2 BAIT)
• Für die Bereiche der IT wird bei Bedarf qualifiziertes Personal am Markt akquiriert. Weiterhin bildet das Institut Nachwuchskräfte aus. • Das Institut hat im Rahmen der Aus- und Weiterbildung die zentrale Aufgabe, die Mitarbeiter zu schulen und für die IT-Sicherheitsbelange zu sensibilisieren. Diese Schulungs- und Weiterbildungsmaßnahmen werden regelmäßig, bedarfsgerecht und zeitnah sowohl in der ordnungsgemäßen Anwendung der eingesetzten IT wie auch hinsichtlich bestehender IT-Risiken und der IT-Sicherheit durchgeführt. Hierfür hat das Institut ausreichend Budgets sowie Schulungs- und Fortbildungszeiten zur Verfügung (vgl. Ausführungen in der IT-Strategie).

Angemessener Umfang und Qualität der technisch-organisatorischen Ausstattung

Ausgehend von den Vorgaben in der IT-Strategie ist es das Ziel, eine angemessene technisch-organisatorische Ausstattung für die Mitarbeiter des Instituts bereitzuhalten.

Vorgaben zum Umfang und zur Qualität der technisch-organisatorischen Ausstattung (vgl. AT 7.2 Tz. 1 MaRisk sowie Kapitel 2 BAIT)
• Für den Einsatz der im Institut freigegebenen IT-Systeme (IT-Infrastrukturen, Anwendungen etc.) besteht eine Definition der bankweiten Standards für Hard- und Software sowie IT-Techniken (vgl. Ausführungen zur IT-Strategie). • Hier gelten uneingeschränkt die Vorgaben der IT-Organisation und der IT-Sicherheit. Das Institut nutzt vorwiegend folgende Systeme (institutsspezifische Aufzählung). Die Hardware und Software werden zentral von dem Bereich der IT Organisation beschafft. Die Software wird nur auf Windows Träger-Systemen eingesetzt (vgl. Ausführungen zur IT-Strategie).

Verantwortung der IT-Governance

Die Geschäftsleitung des Instituts ist originär dafür verantwortlich, dass auf Basis der IT-Strategie die Regelungen zur IT-Aufbau- und IT-Ablauforganisation bereitgehalten und bei Veränderungen der Aktivitäten und Prozesse zeitnah angepasst werden. Die organisatorische Verantwortung ergibt sich aus § 25a KWG und in Bezug auf ausgelagerte Tätigkeiten und Dienstleistungen aus § 25b KWG. Es wird bankintern durch die IT-verantwortlichen Fachbereiche sichergestellt, dass die Regelungen zur IT-Aufbau- und IT-Ablauforganisation auch wirksam umgesetzt werden und zeitnah aktualisiert bzw. angepasst werden.

Grundsatz der funktionalen Trennung

Im Rahmen der Umsetzung der IT-Governance wird von allen Funktionsträgern in der Three(Four)-Lines-of-Defense-Struktur darauf geachtet, dass Interessenkonflikte und unvereinbare Tätigkeiten innerhalb der IT-Aufbau- und IT-Ablauforganisation vermieden werden. Der Grundsatz der funktionalen Trennung wurde auch bei der Ausgestaltung der IT-Aufbau- und IT-Ablauforganisation berücksichtigt.

Hierfür wurden die im Institut bestehenden und zentralen Bereiche der IT aufbauorganisatorisch getrennt. Im Einzelnen ergibt sich im Sinne der Three(Four)-Lines-of-Defense folgende Struktur:

First-Line-of Defense	**Second-Line-of-Defense**	**Third-Line-of-Defense**	**Fourth-Line-of-Defense**
• Operativer IT-Betrieb, IT-Organisation	• Informationsrisikomanagement • Informationssicherheitsbeauftragter • Datenschutzbeauftragter • Risk Management • Alternativ • Zusammengefasster Bereich (Informationssicherheit inkl. Informationsrisikomanagement)	• Interne Revision (IT-Revision)	• Wirtschaftsprüfer (Jahresabschlussprüfer, Depotprüfer) • Bankenaufsicht

IT-Kompetenzen

Die IT-Kompetenzen (inkl. Rechte-/Risiko-/Sicherheits-/Methoden-/Organisationskompetenz) finden sich in unterschiedlichen Arbeitsanweisungen der IT-Aufbau- und Ablauforganisation wieder. Nachfolgend werden die wesentlichen IT-Kompetenzen dargestellt.

Wesentliche IT-Kompetenzen		
Kompetenz	**Anforderung**	**Zuständiger Bereich**
IT-Berechtigungsvergabe anhand der vorgegebenen IT-Rollenprofile (inkl. Vergabe der IT-Zugriffsrechte)	MaRisk AT 7.2, Tz. 2	IT-Betrieb, Administration, (ggf. Hinweis auf zwei verschiedene Teams)
Festlegung/Änderung Notfallkonzept	MaRisk AT 7.3, Tz. 2	Einzelplanung/-anpassung über die jeweils zuständige Fachabteilung Überwachung Informationssicherheitsbeauftragter
Festlegung der IT-Strategie	BAIT 1.1	Gesamtvorstand
Festlegung der IT-Governance	BAIT 2.2	Gesamtvorstand
Einmeldung ((Sic?)) der Schutzbedarfe in Forum ISM (risikoorientierter Turnus)	BAIT 3.2, 3.4	Die jeweiligen Fachbereiche (Informationseigentümer = Fachbereichsleiter)
Ganzheitliche Prüfung der Schutzbedarfsfeststellung	BAIT 3.5	Informationssicherheitsmanagement
Festlegung des Sollmaßnahmenkatalogs für den jeweiligen Schutzbedarf	BAIT 3.6	Informationssicherheitsmanagement
Durchführung der IT-Risikoanalyse	BAIT 3.7	Informationssicherheitsmanagement
Überführung möglicher IT-Restrisiken in das Risikomanagement	BAIT 3.9	Informationsrisikomanagement

Wesentliche IT-Kompetenzen		
Kompetenz	**Anforderung**	**Zuständiger Bereich**
Turnusgemäße Genehmigung der IT-Risiken	BAIT 3.9	Gesamtvorstand auf Basis des vierteljährlichen Berichts des Informationssicherheitsbeauftragten
Vorgaben zur Informationssicherheit	BAIT 4.1	Informationssicherheitsmanagement
Beschluss der Informationssicherheitsrichtlinie	BAIT 4.2	Geschäftsleitung
Einrichtung der Funktion des IT-Sicherheitsbeauftragten	BAIT 4.4	Geschäftsleitung
Informationssicherheitsvorfall (Analyse, Meldung etc.)	BAIT 4.7	Informationssicherheitsmanagement
Regelmäßige, anlassbezogene Überprüfung der IT-Sicherheit	BAIT 5.6	Informationssicherheitsmanagement
Einräumung von Zugangs- und Zugriffsberechtigungen auf den IT-Systemen	BAIT 6.2	IT-Administration im IT-Betrieb
Verfahren zur Einrichtung, Änderung, Deaktivierung und Löschung von Berechtigungen gemäß Vorgabe des Berechtigungskonzeptes	BAIT 6.4	IT-Betrieb mit Informationssicherheitsmanagement
Rezertifizierungen (Überprüfung der eingeräumten Berechtigungen)	BAIT 6.5	IT-Administration im IT-Betrieb
Berücksichtigung wesentlicher IT-Projektrisiken	BAIT 7.5	Informationssicherheitsmanagement
Genehmigung der Anforderungen an die Funktionalität der Anwendungen	BAIT 7.7	Jeweils zuständige Fachabteilung mit IT-Abteilung
Verantwortung der Erhebung, Bewertung, Genehmigung der fachlichen Anforderungen von IT-Anwendungen	BAIT 7.8	Jeweils zuständige Fachabteilung mit IT-Abteilung

Wesentliche IT-Kompetenzen		
Kompetenz	**Anforderung**	**Zuständiger Bereich**
Festlegung der Methodik des Testens von Anwendungen	BAIT 7.11	Jeweils zuständige Fachabteilung mit IT-Abteilung
Festlegung des Klassifizierungsverfahrens für die IDV	BAIT 7.13	IT-Abteilung mit Informationsrisikomanagement
Vorgaben zur Identifizierung aller von Mitarbeitern des Fachbereichs entwickelten oder betriebenen Anwendungen (Dokumentation, Testmethodik, Programmierrichtlinien)	BAIT 7.14	IT-Abteilung mit Informationsrisikomanagement
Aufnahme und Dokumentation von Änderungen in den IT-Systemen	BAIT 8.4	IT-Abteilung mit Informationsrisikomanagement
Risikoidentifikation aus dem Störungsmanagement	BAIT 8.6	IT-Abteilung mit Informationsrisikomanagement
Kompetenz für die Vorgaben der Datensicherungen	BAIT 8.7	IT-Abteilung mit Informationsrisikomanagement
Kompetenz für die regelmäßige und anlassbezogene Überprüfung der Risikobewertungen aus dem sonstigen Fremdbezug von IT-Dienstleistungen	BAIT 9.5	Auslagerungsmanagement
Kompetenz für die Festlegung der Ziele und Rahmenbedingungen für das IT-Notfallmanagement	BAIT 10.2	Zuständige Fachabteilung in Verbindung mit Informationssicherheit
Kompetenz für die Bewertung von Auswirkungen von Sicherheitsvorfällen auf kritische Dienstleistungen	BAIT 12.2	Informationssicherheitsmanagement

IT-relevante Berichte

Die IT-Governance sieht vor, dass in dem Institut folgende wesentliche Berichterstattungen vorgenommen werden:

Bericht	Zuständige Abteilung	Empfänger
Vierteljährlicher Bericht des Informationssicherheitsbeauftragten gem. 4.10 BAIT	• Informationssicherheitsbeauftragter	• Gesamtvorstand • Leiter Revision • Leiter IT
Ad-hoc-Bericht über Informationssicherheitsvorfall gem. 4.7 BAIT	• Informationssicherheitsbeauftragter	• Gesamtvorstand • Leiter Revision • Leiter IT
Ergebnisse über wesentliche IT-Projekte erfolgen im vierteljährlichen Bericht des Informationssicherheitsbeauftragten.	• Informationssicherheitsbeauftragter	• Gesamtvorstand • Leiter Revision • Leiter IT
Wesentliche Störungen, die zu einer erheblichen Relevanz führen (vgl. 8.6 BAIT), sind in Form der Ad-hoc-Berichte zu melden.	• Informationssicherheitsbeauftragter	• Gesamtvorstand • Leiter Revision • Leiter IT
Jahresbericht des Auslagerungsmanagements gemäß AT 9, Tz. 13 MaRisk	• Auslagerungsmanager	• Gesamtvorstand • Leiter Revision • Leiter IT • Leiter Risikomanagement
Quartals- beziehungsweise Jahresbericht der Internen Revision gem. BT 2.4, Tz. 4 MaRisk	• Interne Revision (IT-Revision)	• Gesamtvorstand • Leiter Revision • Leiter IT • Informationssicherheitsbeauftragter • Leiter Informationsrisikomanagement

Quantitative und qualitative Kriterien

Das Institut hat zur Steuerung der für den Betrieb und die Weiterentwicklung der IT-Systeme zuständigen Bereiche angemessene quantitative oder qualitative Kriterien durch die Geschäftsleitung festzulegen, und deren Einhaltung wird regelmäßig von den verantwortlichen Fachabteilungen überwacht werden. Dies gilt für die Wartbarkeit und Verfügbarkeit der IT-Systeme, die IT-Sicherheit sowie IT-Sicherheitsprozesse, die Budgetüberwachung und die Überwachung der Leitungserbringung der Auslagerungen. Hierfür wurden entsprechende Prozesse sowie Kontrollhandlungen für die fortlaufende Überwachung eingerichtet.

Dabei wurde auch berücksichtigt, dass sich die Kriterien an den von der BaFin in den BAIT vorgeschlagenen Steuerungsgrößen (BAIT 2.5) orientieren.

Übersicht über mögliche qualitative und quantitative Kriterien:

Qualitatives Kriterium (orientiert an der Qualität der IT-Leistungserbringung)	
Kriterium	**Überwachung/Dokumentation**
Qualität der Leistungserbringung/ fortlaufender qualitativer Service des Rechenzentrums	• Wesentliche Auslagerung = Messung über fortlaufende Service-Level-Überwachung durch die Fachabteilung (IT-Betrieb) sowie das Auslagerungsmanagement • Bei möglichen Leistungsstörungen Nutzung des Störungsmanagement-Systems • Dokumentation über die Dokumente der Leistungsüberwachung
Fortlaufende Einhaltung der in der IT-Strategie festgelegten IT-Standards, die regelmäßig an die aktuelle Entwicklung angepasst werden, wie bei der jährlichen Überarbeitung der IT-Strategie	• Notfallmanagement – IT-Standard des BSI 100.4, regelmäßige Durchführung und Dokumentation der Notfallübungen, -maßnahmen • Berücksichtigung der IT-Bedrohungslage des Instituts • Die Einhaltung der IT-Standards wird auch durch den Informationssicherheitsbeauftragten kontrolliert (prozessabhängige Kontrolle) sowie von der Internen Revision prozessunabhängig im Rahmen ihrer IT-Revision geprüft.

Qualitatives Kriterium (orientiert an der Qualität der IT-Leistungserbringung)	
Kriterium	**Überwachung/Dokumentation**
Verfügbarkeit der IT-Systeme	• Die Verfügbarkeit der IT-Systeme wird durch die Abteilung IT-Betrieb fortlaufend überwacht. • Mögliche Störungen werden über das institutseigene Ticketsystem gesteuert und bezüglich der Bearbeitung priorisiert. • Erkenntnisse aus dem Störungsmanagement werden aufgearbeitet, ggf. werden Maßnahmen zum reibungslosen IT-Betrieb abgeleitet. • Mögliche Einschränkungen der Verfügbarkeit des Rechenzentrums werden im Rahmen der Service-Level-Überwachung gesteuert und dokumentiert.
Wartbarkeit der IT-Systeme	• Für IT-Systeme im Umfeld des Rechenzentrums werden seitens des Rechenzentrums Wartungsverträge abgeschlossen, die sicherstellen sollen, dass die IT-Systeme fortlaufend und ordnungsgemäß gewartet werden. Das Rechenzentrum berichtet hierüber im Rahmen des ordnungsgemäßen Mandantenmonitorings an das Institut. • Im Nicht-Rechenzentrum-Umfeld schließt das Institut mit den Dienstleistern für IT-Systeme entsprechende Wartungsverträge ab. Das Vertragsmonitoring erfolgt über die zuständige Fachabteilung. Alle Dokumentationen hierüber werden zusätzlich im Auslagerungsmanagement festgehalten.
Anpassbarkeit an neue Anforderungen	• Sowohl alle in der IT-Governance angesprochen Anweisungen der IT-Aufbau- und Ablauforganisation als auch die genutzten IT-Standards werden fortlaufend (jährlicher Turnus, ggf. ad-hoc) von den fachverantwortlichen Abteilungen angepasst bzw. aktualisiert. Hierbei werden auch die Umsetzung neuer regulatorischer Erfordernisse wie BAIT, MaRisk etc. berücksichtigt.

Qualitatives Kriterium (orientiert an der Qualität der IT-Leistungserbringung)	
Kriterium	**Überwachung/Dokumentation**
Sicherheit der IT-Systeme/Prozesse	• Die IT-Sicherheit wird regelmäßig überwacht. Hierfür werden im Bereich des Informationsrisikomanagements und des Informationssicherheitsmanagements angemessene Prozesse aufgesetzt und bereitgehalten. Die Prozesse werden regelmäßig von der Internen Revision und dem Abschlussprüfer geprüft und bewertet.

Quantitatives Kriterium (orientiert an der Quantität der IT-Leistungserbringung)	
Kriterium	**Überwachung**
Quantität der Leistungserbringung	• Überwachung des aktuellen Leistungs- und Kapazitätsbedarfs der IT-Systeme (Rechenzentrum) sowie Abschätzung des zukünftigen Leistungs- und Kapazitätsbedarfs der Bank gem. BAIT 8.8 • Reporting des Rechenzentrums (Spezifizierung notwendig • Dokumentation: Rechenzentrum-Reports

Die in Tabelle 10 dargestellte Checkliste gibt einen Überblick über die Fragen zum Bereich IT-Governance.

Nr.	Revisionsseitige Fragestellungen	Erfüllt
1	Hat das Institut über die Geschäftsleitung eine IT-Governance aufgebaut und diese wirksam umgesetzt?	
2	Wird sichergestellt, dass insbesondere die Bereiche des Informationsrisiko- und Informationssicherheitsmanagements, des IT-Betriebs und der Anwendungsentwicklung angemessen mit Personal ausgestattet sind?	
3	Wird das Risiko einer qualitativen oder quantitativen Unterausstattung dieser Bereiche frühzeitig erkannt und möglichst umgehend behoben?	

<table>
<tr><th>Nr.</th><th>Revisionsseitige Fragestellungen</th><th>Erfüllt</th></tr>
<tr><td>4</td><td>Enthält die IT-Governance folgende Mindestangaben?
• Regelungen zur IT-Aufbau- und IT-Ablauforganisation
• Regelungen zum Informationsrisiko- und Informationssicherheitsmanagement
• Regelungen zur quantitativ und qualitativ angemessenen Personalausstattung der IT
• Regelungen zu Umfang und Qualität der technisch-organisatorischen Ausstattung</td><td></td></tr>
<tr><td>5</td><td>Ist sichergestellt, dass die Regelungen für die IT-Aufbau- und IT-Ablauforganisation bei Veränderungen der Aktivitäten und Prozesse zeitnah angepasst werden?</td><td></td></tr>
<tr><td>6</td><td>Werden die Regelungen der IT-Governance wirksam umgesetzt?</td><td></td></tr>
<tr><td>7</td><td>Ist gewährleistet, dass Interessenkonflikte und unvereinbare Tätigkeiten innerhalb der IT-Aufbau- und IT-Ablauforganisation von vornherein vermieden werden (z.B. Verstöße gegen die funktionale Trennung)?</td><td></td></tr>
<tr><td>8</td><td>Wird der Three(Four)-Lines-of-Defense-Ansatz aufbau- und ablauforganisatorisch im Institut umgesetzt?</td><td></td></tr>
<tr><td>9</td><td>Werden möglichen Interessenkonflikten zwischen Aktivitäten, die beispielsweise im Zusammenhang mit der Anwendungsentwicklung und den Aufgaben des IT-Betriebs stehen, durch aufbau- und ablauforganisatorische Maßnahmen bzw. durch eine adäquate Rollendefinition entgegengewirkt?</td><td></td></tr>
<tr><td>10</td><td>Sind angemessene quantitative oder qualitative Kriterien zur Steuerung der für den Betrieb und die Weiterentwicklung der IT-Systeme zuständigen Bereiche durch die Geschäftsleitung festgelegt?</td><td></td></tr>
<tr><td>11</td><td>Wird die Einhaltung dieser Kriterien überwacht?</td><td></td></tr>
</table>

Tabelle 10: Checkliste IT-Governance

3. Informationsrisikomanagement

3.1
Die Informationsverarbeitung und -weitergabe in Geschäfts- und Serviceprozessen wird durch datenverarbeitende IT-Systeme und zugehörige IT-Prozesse unterstützt. Deren Umfang und Qualität hat sich insbesondere an betriebsinternen Erfordernissen, den Geschäftsaktivitäten sowie an der Risikosituation zu orientieren (vgl. AT 7.2 Tz. 1 MaRisk). IT-Systeme, die zugehörigen IT-Prozesse und sonstige Bestandteile des Informationsverbundes müssen die Integrität, die Verfügbarkeit, die Authentizität sowie die Vertraulichkeit der Daten sicherstellen (vgl. AT 7.2 Tz. 2 MaRisk). Das Institut hat die mit dem Management der Informationsrisiken verbundenen Aufgaben, Kompetenzen, Verantwortlichkeiten, Kontrollen und Kommunikationswege zu definieren und aufeinander abzustimmen (vgl. AT 4.3.1 Tz. 2 MaRisk). Hierfür hat das Institut angemessene Überwachungs- und Steuerungsprozesse einzurichten (vgl. AT 7.2 Tz. 4 MaRisk) und diesbezügliche Berichtspflichten zu definieren (vgl. BT 3.2 Tz. 1 MaRisk).

Schutzbedarfsermittlung

Das Institut hat im Rahmen des Managements der Informationsrisiken den jeweiligen Schutzbedarf nach den unterschiedlichen Schutzbedarfsklassen zu ermitteln, auf dieser Grundlage Sollmaßnahmen festzulegen und diese mit den wirksam umgesetzten Maßnahmen zu vergleichen. Die daraus abgeleitete Transparenz der IT-Risikosituation und die Akzeptanz des ermittelten IT-Restrisikos durch die Geschäftsleitung ist die zentrale Anforderung zur Schärfung des IT-Risikobewusstseins im Institut und gegenüber IT-Dienstleistern.[33]

Zusammengefasst benötigen die Institute funktionsfähige IT-Prozesse und ein funktionsfähiges IT-Management für die betriebsinternen Informationsrisiken.

3.2
Die Bestandteile eines Systems zum Management der Informationsrisiken sind unter Mitwirkung aller maßgeblichen Stellen und Funktionen kompetenzgerecht und frei von Interessenkonflikten umzusetzen.

33) Vgl. BaFin: IT-Sicherheit: Aufsicht konkretisiert Anforderungen an die Kreditwirtschaft vom 15. 1. 2018 (https://www.bafin.de/SharedDocs/Veroeffentlichungen/DE/Fachartikel/2018/fa_bj_1801_BAIT.html).

Die Aufsicht betont hierbei die Freiheit von Interessenkonflikten in der Umsetzung. Hierbei hat sich in der Praxis die strikte Umsetzung des Three(Four)-Lines-of-Defense-Ansatzes als zielführend erwiesen, der die klare Struktur der Funktionstrennung beinhaltet. Dieser zieht sich dann wie ein „roter Faden" durch alle IT-relevanten aufbau- und ablauforganisatorischen Regelungen des Instituts. Zu den maßgeblichen Stellen gehören auch die IT-relevanten Fachbereiche, die Eigentümer der Informationen sind.[34)]

3.3

Das Institut hat über einen aktuellen Überblick über die Bestandteile des festgelegten Informationsverbunds sowie deren Abhängigkeiten und Schnittstellen zu verfügen. Das Institut sollte sich hierbei insbesondere an den betriebsinternen Erfordernissen, den Geschäftsaktivitäten sowie an der Risikosituation orientieren.

Informationsverbund

Zu einem Informationsverbund gehören beispielsweise geschäftsrelevante Informationen, Geschäfts- und Unterstützungsprozesse, IT-Systeme und die zugehörigen IT-Prozesse sowie Netz- und Gebäudeinfrastrukturen.[35)] Hierbei ist in der Praxis auf eine saubere und vollständige Aufnahme des Informationsverbundes zu achten. Es kommt vor, dass in der Praxis nicht alle Elemente vollständig aufgenommen und damit auch bewertet werden. Sollten einzelne Server-Räume oder andere Einrichtungen der IT-Infrastruktur vergessen werden, bietet dies Ansatzpunkte für externe Prüfer im Rahmen von Sonderprüfungen. Die Interne Revision sollte daher auf die vollständige Aufnahme des Informationsverbundes im Rahmen ihrer Prüfungen achten. Weiterhin ist auf den jeweiligen Turnus der Aufnahme zu achten. Die Aufsicht beanstandet in der Praxis regelmäßig die fehlende Aktualisierung des Informationsverbundes.

Abhängigkeiten und Schnittstellen

Abhängigkeiten und Schnittstellen berücksichtigen auch die Vernetzung des Informationsverbundes mit Dritten.[36)] Denn häufig werden externe Dienstleister bei der Bereithaltung des Informationsverbundes miteinbezogen. Hierbei gibt es in der Praxis meist eine Vielzahl von Abhängigkeiten (Dominoeffekte), die berücksichtigt werden müssen. Auch hierbei ist auf eine saubere und vollständige Aufnahme zu achten.

---

34) Vgl. Erläuterungen zu 3.2 BAIT.

35) Vgl. Erläuterungen zu 3.3 BAIT.

36) Vgl. Erläuterungen zu 3.4 BAIT.

> 3.4
>
> Das Institut hat regelmäßig und anlassbezogen den Schutzbedarf für die Bestandteile seines definierten Informationsverbundes, insbesondere im Hinblick auf die Schutzziele „Integrität“, „Verfügbarkeit“, „Vertraulichkeit“ und „Authentizität“, zu ermitteln. Der Eigentümer der Information verantwortet die Ermittlung des Schutzbedarfs.

Damit legt die Aufsicht fest, dass sie eine Methodik des Turnus „Regelmäßigkeit“ bei der Ermittlung des Schutzbedarfs erwartet. Hierbei haben die Institute jeweilige Umsetzungslösungen zu entwickeln, die sich am Risiko der Elemente des Informationsverbundes orientieren. Liegen Ad-hoc-Risiken vor, ist anlassbezogen eine sofortige Bewertung durchzuführen. Auch der Turnus der sofortigen Bewertung sollte intern definiert werden (z.B. maximal 1 Tag).

Methodik der Klassifizierung

Die Entwicklung der Methodik der Klassifizierung bleibt letztendlich den Instituten überlassen. Hierbei orientieren sich die Institute an marktüblichen Standards oder lassen die Methodik über externe Berater entwickeln.

> 3.5
>
> Die Schutzbedarfsfeststellung sowie die zugehörige Dokumentation sind durch das Informationsrisikomanagement zu überprüfen.

Da die Schutzbedarfsfeststellung häufig von den jeweiligen Informationseigentümern in den IT-relevanten Fachbereichen erhoben werden (First-Line-of-Defense), hat die Aufsicht zur Quantifizierung/Plausibilisierung diese Interne Kontrollfunktion durch das Informationsrisikomanagement (Second-Line-of-Defense) vorgeschrieben. Diese Anforderung für die Kontrollhandlung ist sehr wichtig, denn darauf basieren alle Eingangsdaten – auch für das Reporting der IT-Risiken an die Geschäftsleitung.

> 3.6
>
> Das Institut hat Anforderungen zu definieren, die zur Erreichung des jeweiligen Schutzbedarfs angemessen sind, und diese in geeigneter Form zu dokumentieren (Sollmaßnahmenkatalog).

Sollmaßnahmenkatalog

Der Sollmaßnahmenkatalog enthält lediglich die Anforderung, nicht jedoch deren konkrete Umsetzung.[37] Durch die Umsetzung des Sollmaßnahmenkatalogs soll die Voraussetzung geschaffen werden, die IT-Risiken wirkungsvoll zu reduzieren. Der Sollmaßnahmenkatalog ist daher fortlaufend zu aktualisieren, um die Handlungsfähigkeit dauerhaft sicherzustellen.

3.7

Das Institut hat auf Basis der festgelegten Risikokriterien einen Vergleich der Sollmaßnahmen mit den jeweils wirksam umgesetzten Maßnahmen (dem Ist-Zustand) durchzuführen.

IT-Risikoanalyse

Die Risikoanalyse berücksichtigt über den Soll-Ist-Vergleich hinaus u.a. mögliche Bedrohungen, das Schadenspotenzial, die Schadenshäufigkeit sowie den Risikoappetit. Sonstige risikoreduzierende Maßnahmen können hierbei berücksichtigt werden. Falls Sollmaßnahmen nicht implementiert werden können (z.B. wegen technischer Restriktionen), können sonstige risikoreduzierende Maßnahmen umgesetzt werden.[38]

3.8

Sonstige risikoreduzierende Maßnahmen aufgrund unvollständig umgesetzter Sollmaßnahmen sind wirksam zu koordinieren, zu dokumentieren, zu überwachen und zu steuern.

Hierdurch möchte die Aufsicht sicherstellen, dass keine Lücken durch unvollständig umgesetzte Sollmaßnahmen zur IT-Risikoreduzierung – wie das Update neuer Antivirensoftware (im Falle eins abgelaufenen Vertragsverhältnisses) – entstehen. Hierfür ist ein Überwachungsmechanismus erforderlich.

3.9

Das Informationsrisikomanagement hat die Risikoanalyse zu koordinieren und zu überwachen sowie deren Ergebnisse in den Prozess des Managements der operationellen Risiken zu überführen. Die Behandlung der Risiken ist kompetenzgerecht zu genehmigen.

Hier erwartet die Aufsicht eine saubere Koordination und Überwachung der Risikoanalyse durch die Second-Line-of-Defense, das Informationsrisikomanagement. Wichtig ist auch in der internen Umsetzung ein Kompetenzraster für die Genehmigung der IT-Risiken. Dies wird im Rahmen von internen und externen Prüfungen hinterfragt.

37) Vgl. Erläuterungen zu 3.6 BAIT.

38) Vgl. Erläuterungen zu 3.7 BAIT.

3.10
Das Institut informiert sich laufend über Bedrohungen seines Informationsverbundes, prüft ihre Relevanz, bewertet ihre Auswirkung und ergreift, sofern erforderlich, geeignete technische und organisatorische Maßnahmen.

Hierbei sind interne und externe Veränderungen (z.B. der Bedrohungslage) zu berücksichtigen. Maßnahmen können z.B. die direkte Warnung von Mitarbeitern, das Sperren von betroffenen Schnittstellen und den Austausch von betroffenen IT-Systemen umfassen.[39)]

3.11
Die Geschäftsleitung ist regelmäßig, mindestens jedoch vierteljährlich, insbesondere über die Ergebnisse der Risikoanalyse sowie Veränderungen an der Risikosituation zu unterrichten.

Die Risikosituation enthält auch externe potenzielle Bedrohungen.[40)]

Die Checkliste in Tabelle 11 gibt einen Überblick über die Fragen zum Bereich des Informationsrisikomanagements.

Nr.	Revisionsseitige Fragestellungen	Erfüllt
1	Wird die Informationsverarbeitung und -weitergabe in Geschäfts- und Serviceprozessen durch datenverarbeitende IT-Systeme und zugehörige IT-Prozesse unterstützt?	
2	Orientieren sich deren Umfang und Qualität insbesondere an den betriebsinternen Erfordernissen, den Geschäftsaktivitäten sowie an der Risikosituation?	
3	Stellen die IT-Systeme, die zugehörigen IT-Prozesse und sonstigen Bestandteile des Informationsverbunds die Integrität, die Verfügbarkeit, die Authentizität sowie die Vertraulichkeit der Daten sicher?	
4	Hat das Institut die mit dem Management der Informationsrisiken verbundenen Aufgaben, Kompetenzen, Verantwortlichkeiten, Kontrollen und Kommunikationswege klar definiert und aufeinander abgestimmt?	

39) Vgl. Erläuterungen zu 3.10 BAIT.
40) Vgl. Erläuterungen zu 3.11 BAIT.

Nr.	Revisionsseitige Fragestellungen	Erfüllt
5	Wurden durch das Institut angemessene Überwachungs- und Steuerungsprozesse für das Informationsrisiko eingerichtet und diesbezügliche Berichtspflichten definiert?	
6	Wurden die Bestandteile eines Systems zum Management der Informationsrisiken unter Mitwirkung aller maßgeblichen Stellen und Funktionen kompetenzgerecht und frei von Interessenkonflikten umgesetzt?	
7	Gehören zu den Maßgeblichen Stellen die Fachbereiche, die Eigentümer der Informationen oder der Informationsrisiken sind?	
8	Verfügt das Institut über einen aktuellen Überblick über die Bestandteile des festgelegten Informationsverbunds sowie deren Abhängigkeiten und Schnittstellen?	
9	Hat sich dabei das Institut insbesondere an den betriebsinternen Erfordernissen, den Geschäftsaktivitäten sowie an der Risikosituation orientiert?	
10	Gehören zu einem Informationsverbund beispielsweise auch geschäftsrelevante Informationen, Geschäfts- und Unterstützungsprozesse, IT-Systeme und der zugehörigen IT-Prozesse sowie Netz- und Gebäudeinfrastrukturen?	
11	Werden hierbei auch Abhängigkeiten und Schnittstellen und auch die Vernetzung des Informationsverbunds mit Dritten (wie bei Auslagerungen) berücksichtigt?	
12	Führt das Institut regelmäßig und anlassbezogen den Schutzbedarf für die Bestandteile seines Informationsverbunds, insbesondere im Hinblick auf die Schutzziele „Integrität“, „Verfügbarkeit“, „Vertraulichkeit“ und „Authentizität“, durch?	
13	Ist geregelt, dass der Eigentümer der Information (Fachbereiche des Instituts) die Ermittlung des Schutzbedarfs verantwortet?	
14	Wird die Schutzbedarfsfeststellung sowie die dazugehörige Dokumentation durch das Informationsrisikomanagement überprüft (risikoorientierter Ansatz)?	

Nr.	Revisionsseitige Fragestellungen	Erfüllt
15	Hat das Institut Anforderungen definiert, die zur Erreichung des jeweiligen Schutzbedarfs angemessen sind und in geeigneter Form zu dokumentieren sind (Sollmaßnahmenkatalog)?	
16	Hat das Institut auf Basis der Risikokriterien einen Vergleich der Sollmaßnahmen mit den jeweils wirksam umgesetzten Maßnahmen (dem Ist-Zustand) durchgeführt?	
17	Berücksichtigt die Risikoanalyse über den Soll-Ist-Vergleich hinaus u.a. auch mögliche Bedrohungen, das Schadenpotenzial, die Schadenshäufigkeit sowie den Risikoappetit?	
18	Werden sonstige risikoreduzierende Maßnahmen hierbei berücksichtigt?	
19	Falls einzelne Sollmaßnahmen nicht umgesetzt werden können (z.B. wegen technischer Restriktionen), können dann sonstige risikoreduzierende Maßnahmen umgesetzt werden?	
20	Hat das Institut sichergestellt, dass sonstige risikoreduzierende Maßnahmen aufgrund unvollständig umgesetzter Sollmaßnahmen wirksam koordiniert, dokumentiert, überwacht und gesteuert werden?	
21	Koordiniert und überwacht das Informationsrisikomanagement die Risikoanalyse und deren Ergebnisse?	
22	Werden die Ergebnisse der Risikoanalyse in das Management der operationellen Risiken überführt?	
23	Wird die Behandlung der Risiken kompetenzgerecht genehmigt?	
24	Informiert sich das Institut fortlaufend über Bedrohungen seines Informationsverbunds, prüft die Relevanz, bewertet die Auswirkung und ergreift ggf. geeignete technische und organisatorische Maßnahmen?	
25	Werden hierbei interne und externe Veränderungen (z.B. der Bedrohungslage) berücksichtigt? (Maßnahmen können z.B. die direkte Warnung von Mitarbeitern, das Sperren von betroffenen Schnittstellen und den Austausch von betroffenen IT-Systemen umfassen.)	

Nr.	Revisionsseitige Fragestellungen	Erfüllt
26	Wird die Geschäftsleitung regelmäßig, mindestens jedoch vierteljährlich, insbesondere über die Ergebnisse der Risikoanalyse sowie Veränderungen an der Risikosituation unterrichtet?	
27	Enthält die Risikosituation auch externe potenzielle Bedrohungen?	

Tabelle 11: Checkliste Informationsrisikomanagement

4. Informationssicherheitsmanagement

> 4.1
> Das Informationssicherheitsmanagement macht Vorgaben zur Informationssicherheit, definiert Prozesse und steuert deren Umsetzung (vgl. AT 7.2 Tz. 2 MaRisk). Das Informationssicherheitsmanagement folgt einem fortlaufenden Prozess, der die Phasen Planung, Umsetzung, Erfolgskontrolle sowie Optimierung und Verbesserung umfasst. Die inhaltlichen Berichtspflichten des Informationssicherheitsbeauftragten an die Geschäftsleitung sowie der Turnus der Berichterstattung orientieren sich an BT 3.2 Tz. 1 MaRisk.

In AT 7.2 Tz. 2 MaRisk werden Anforderungen an die IT-Systeme und die zugehörigen IT-Prozesse gestellt. Dabei sind die Integrität, die Verfügbarkeit, die Authentizität und die Vertraulichkeit der Daten sicherzustellen. Bei der Ausgestaltung der IT-Systeme und IT-Prozesse verweisen die MaRisk auf gängige Standards wie z.B. die IT-Grundschutz-Standards und -Kataloge[41] des Bundesamts für Sicherheit in der Informationstechnik (BSI) und die internationalen Sicherheitsstandards ISO/IEC 2700X der International Organization for Standardization. Insbesondere der BSI-Standard 200-1 „Managementsysteme für Informationssicherheit (ISMS)“ beschreibt, wie ein Informationssicherheitsmanagementsystem aufgebaut und wirkungsvoll eingesetzt werden kann.

Ziele des Informationssicherheitsmanagements

Ziele des Informationssicherheitsmanagements sind die Definition, Steuerung, Kontrolle, Aufrechterhaltung und kontinuierliche Verbesserung der Informationssicherheit. Verantwortlich für die Einrichtung der unternehmensweiten Informationssicherheit ist die Geschäftsleitung. Der Informationssicherheitsbeauftragte ist für die operative Umsetzung des ISMS zuständig und hat die Geschäftsleitung regelmäßig über den aktuellen Stand in Sachen Informationssicherheit zu unterrichten. Der Berichtsturnus soll sich im Einklang mit den MaRisk am Berichtsturnus der Risikocontrolling-Funktion orientieren. Damit wird eine mindestens vierteljährliche Berichterstattung gefordert. In gewissen Situationen kann auch eine monatliche, wöchentliche oder sogar tägliche Berichterstattung notwendig sein.

41) Vgl. BSI IT-Grundschutz-Standards und -Kataloge (https://www.bsi.bund.de/).

> 4.2
>
> Die Geschäftsleitung hat eine Informationssicherheitsleitlinie zu beschließen und innerhalb des Instituts zu kommunizieren. Die Informationssicherheitsleitlinie hat im Einklang mit den Strategien des Instituts zu stehen. Die Leitlinie ist bei wesentlichen Veränderungen der Rahmenbedingungen zu prüfen und bei Bedarf zeitnah anzupassen.

Informationssicherheitsleitlinie

Die Informationssicherheitsleitlinie soll die Ziele, den Geltungsbereich und die organisatorischen Aspekte des Informationssicherheitsmanagements beinhalten. Weitere Anforderungen und Empfehlungen zu Inhalten einer Informationssicherheitsleitlinie sind im BSI-Standard 200-1 „Managementsysteme für Informationssicherheit (ISMS)“ angegeben.

In der Informationssicherheitsleitlinie werden die Eckpunkte zum Schutz von Vertraulichkeit, Integrität, Verfügbarkeit und Authentizität sowie der Geltungsbereich für die Informationssicherheit festgelegt. Darüber hinaus werden die wesentlichen organisatorischen Aspekte, wie die wichtigsten Rollen und Verantwortlichkeiten des Informationssicherheitsmanagements beschrieben. Mit der Leitlinie legt die Geschäftsleitung u. a. dar:[42]

- ihre Gesamtverantwortung für die Informationssicherheit,
- Frequenz und Umfang des Berichtswesens zur Informationssicherheit,
- die Kompetenzen im Umgang mit Informationssicherheitsrisiken,
- die grundlegenden Anforderungen der Informationssicherheit an Personal, Auftragnehmer, Prozesse und Technologien.

Rahmenbedingungen

Rahmenbedingungen umfassen u. a. interne Veränderungen der Aufbau- und Ablauforganisation oder der IT-Systeme sowie äußere Veränderungen z. B. der Bedrohungsszenarien, Technologien oder der rechtlichen Anforderungen.[43]

Im Prüfungsverlauf sollte geklärt werden, welcher Turnus zur regelmäßigen Überprüfung der Informationssicherheitsrichtlinie im Institut definiert ist und durch welche Ereignisse eine Ad-hoc-Überprüfung notwendig wird.

42) Vgl. Erläuterungen zu 4.2 BAIT.
43) Vgl. Erläuterungen zu 4.2 BAIT.

> **4.3**
> **Auf Basis der Informationssicherheitsleitlinie sind konkretisierende, den Stand der Technik berücksichtigende Informationssicherheitsrichtlinien und Informationssicherheitsprozesse mit den Teilprozessen Identifizierung, Schutz, Entdeckung, Reaktion und Wiederherstellung zu definieren.**

Informationssicherheitsrichtlinien werden z.B. für die Bereiche Netzwerksicherheit, Kryptografie, Identitäts- und Rechtemanagement, Protokollierung sowie physische Sicherheit (z.B. Perimeter- und Gebäudeschutz) erstellt. Informationssicherheitsprozesse dienen in erster Linie zur Erreichung der vereinbarten Schutzziele. Dazu gehört u.a., Informationssicherheitsvorfällen vorzubeugen bzw. diese zu identifizieren sowie die angemessene Reaktion und Kommunikation im weiteren Verlauf.[44)]

Durch Sicherheitsrichtlinien sollen Sicherheitsvorfälle durch Unkenntnis oder Fehlhandlungen vermieden werden. Beispiele sind Sicherheitsrichtlinien für die Nutzung zur Verschlüsselung von E-Mail und Internet, Hinweise zur Verhinderung von Virenvorfällen oder zum Erkennen von Social Engineering sowie Verhaltensregeln für Mitarbeiter beim Verdacht eines Sicherheitsvorfalls.[45)]

Als Beispiele für Informationssicherheitsprozesse nennt die BAIT die Behandlung von Informationssicherheitsvorfällen. Konkret geht es um die Vorbeugung und frühzeitige Identifikation von Sicherheitsvorfällen. Außerdem muss eine angemessene Reaktion und Kommunikation bei Eintritt von Sicherheitsvorfällen gewährleistet werden.

Vorbeugung von Sicherheitsvorfällen

Ein Beispiel zur Vorbeugung von Sicherheitsvorfällen ist die Durchführung von Penetrationstests. Folgende Fragestellungen könnten in einer Revisionsprüfung von Interesse sein:

- Wann und für welche Systeme wurden Penetrationstests durchgeführt?
- Entsprechen die durchgeführten Penetrationstests dem Stand der Technik?
- Was waren die Ergebnisse des Penetrationstests?
- Was waren die Maßnahmen aus den Penetrationstests?

---

44) Vgl. Erläuterungen zu 4.3 BAIT.

45) Vgl. BSI-Standard 200-1 „Managementsysteme für Informationssicherheit (ISMS)“.

Von den Prüfern der Bankenaufsicht wurden im Rahmen ihrer Prüfungen folgende Feststellungen zum Informationssicherheitsmanagement getroffen:[46)]

- Die Festlegung des Schutzbedarfs durch den Informationseigentümer anhand der Schutzziele (Authentizität, Integrität, Vertraulichkeit und Verfügbarkeit) war nicht abgeschlossen und wies Inkonsistenzen auf.
- Ein Computer Emergency Response Team (CERT) war nicht eingerichtet.
- Während der Prüfung fiel auf, dass im Netzwerk sensible Daten gespeichert waren, auf die jeder Nutzer lesenden und schreibenden Zugriff hatte.

Die Tzn. 18 bis 21 der BAIT stellen konkrete Anforderungen an die Funktion des Informationssicherheitsbeauftragten.

> 4.4
>
> Die Geschäftsleitung hat die Funktion des Informationssicherheitsbeauftragten einzurichten. Diese Funktion umfasst die Verantwortung für die Wahrnehmung aller Belange der Informationssicherheit innerhalb des Instituts und gegenüber Dritten. Sie stellt sicher, dass die in der IT-Strategie, der Informationssicherheitsleitlinie und den Informationssicherheitsrichtlinien des Instituts festgelegten Ziele und Maßnahmen hinsichtlich der Informationssicherheit sowohl intern als auch gegenüber Dritten transparent gemacht und deren Einhaltung regelmäßig sowie anlassbezogen überprüft und überwacht werden.

Funktion des Informationssicherheitsbeauftragten

In den Erläuterungen zu 4.4 sind die Aufgaben des Informationssicherheitsbeauftragten genauer definiert. Danach umfasst die Funktion des Informationssicherheitsbeauftragten insbesondere die nachfolgenden Aufgaben:

- die Geschäftsleitung beim Festlegen und Anpassen der Informationssicherheitsleitlinie zu unterstützen und in allen Fragen der Informationssicherheit zu beraten; dies umfasst auch Hilfestellungen bei der Lösung von Zielkonflikten (z.B. Wirtschaftlichkeit kontra Informationssicherheit),
- Erstellung von Informationssicherheitsrichtlinien und ggf. weiteren einschlägigen Regelungen sowie die Kontrolle ihrer Einhaltung, den Informationssicherheitsprozess im Institut zu steuern und zu koordinieren sowie diesen gegenüber IT-Dienstleistern zu überwachen und bei allen damit zusammenhängenden Aufgaben mitzuwirken,
- die Beteiligung bei der Erstellung und Fortschreibung des Notfallkonzepts bzgl. der IT- und Informationssicherheitsbelange,

46) Vgl. Zunker, T., Erfahrungsbericht: Bankaufsichtliche IT-Prüfungen, in: Revisions-Praktiker 12 – 01/2018, Heidelberg 2018, S. 232.

- die Realisierung von Informationssicherheitsmaßnahmen zu initiieren und zu überwachen,
- Überwachung und Hinwirkung auf Einhaltung der Informationssicherheit bei Projekten und Beschaffungen,
- als Ansprechpartner für Fragen der Informationssicherheit innerhalb des Instituts und für Dritte bereitzustehen,
- Informationssicherheitsvorfälle zu untersuchen und an die Geschäftsleitung zu berichten,
- Sensibilisierungs- und Schulungsmaßnahmen zur Informationssicherheit zu initiieren und zu koordinieren.

Der Informationssicherheitsbeauftragte kann durch ein Informationssicherheitsmanagement-Team unterstützt werden.

> 4.5
>
> Die Funktion des Informationssicherheitsbeauftragten ist organisatorisch und prozessual unabhängig auszugestalten, um mögliche Interessenkonflikte zu vermeiden.

Organisatorische prozessuale Unabhängigkeit

In den Erläuterungen zu 4.5 wird die organisatorische und prozessuale Unabhängigkeit des Informationssicherheitsbeauftragten weiter konkretisiert. Insbesondere muss die Funktion aufbauorganisatorisch von den Bereichen getrennt sein, die für den Betrieb und die Weiterentwicklung der IT-Systeme zuständig sind. Des Weiteren darf der Informationssicherheitsbeauftrage keine Aufgaben der Internen Revision wahrnehmen.

Vermeidung möglicher Interessenkonflikte

Zur Vermeidung möglicher Interessenkonflikte werden insbesondere folgende Maßnahmen beachtet:[47]

- Funktions- und Stellenbeschreibung für den Informationssicherheitsbeauftragten, seinen Vertreter und ggf. weitere Stellen,
- Festlegung der erforderlichen Ressourcenausstattung für die Funktion des Informationssicherheitsbeauftragten,
- ein der Funktion zugewiesenes Budget für Informationssicherheitsschulungen im Institut und die persönliche Weiterbildung des Informationssicherheitsbeauftragten sowie seines Vertreters,

47) Vgl. Erläuterungen zu 4.5 BAIT.

- unmittelbare und jederzeitige Gelegenheit zur Berichterstattung des Informationssicherheitsbeauftragten an die Geschäftsleitung,
- Verpflichtung der Beschäftigten des Instituts sowie der IT-Dienstleister zur sofortigen und umfassenden Unterrichtung des Informationssicherheitsbeauftragten über alle bekannt gewordenen informationssicherheitsrelevante Sachverhalte, die das Institut betreffen.
- Die Funktion des Informationssicherheitsbeauftragten wird von den Bereichen getrennt, die für den Betrieb und die Weiterentwicklung der IT-Systeme zuständig sind.
- Der Informationssicherheitsbeauftragte nimmt keinesfalls Aufgaben der Internen Revision wahr.

4.6

Jedes Institut hat die Funktion des Informationssicherheitsbeauftragten grundsätzlich im eigenen Haus vorzuhalten.

Gemäß den Erläuterungen zu 4.6 kann von dem Vorhalten eines Informationssicherheitsbeauftragten im eigenen Haus nur in sehr speziellen Ausnahmefällen abgewichen werden. Diese Ausnahmeregelung zieht im Hinblick auf regional tätige (insbesondere verbundangehörige) Institute sowie kleine (insbesondere gruppenangehörige) Institute ohne wesentliche eigenbetriebene IT mit einem gleichgerichteten Geschäftsmodell und gemeinsamen IT-Dienstleistern. Für die Abwicklung von bankfachlichen Prozessen ist es im Hinblick auf die regelmäßig (verbund- oder gruppenseitig) vorhandenen Kontrollmechanismen zulässig, dass mehrere Institute einen gemeinsamen Informationssicherheitsbeauftragten bestellen, wobei vertraglich sicherzustellen ist, dass dieser gemeinsame Informationssicherheitsbeauftragte die Wahrnehmung der einschlägigen Aufgaben der Funktion in allen betreffenden Instituten jederzeit gewährleisten kann. In diesem Fall ist jedoch in jedem Institut eine zuständige Ansprechperson für den Informationssicherheitsbeauftragten zu benennen. Institute können die Funktion des Informationssicherheitsbeauftragten grundsätzlich mit anderen Funktionen im Institut kombinieren. Die Möglichkeit, sich externer Unterstützung per Servicevertrag zu bedienen, bleibt für die Institute unberührt.[48)]

4.7

Nach einem Informationssicherheitsvorfall sind die Auswirkungen auf die Informationssicherheit zeitnah zu analysieren und angemessene Nachsorgemaßnahmen zu veranlassen.

48) Vgl. Erläuterungen zu 4.6 BAIT.

Informationssicherheitsvorfall

In den Erläuterungen zu 4.7 wird der Begriff Informationssicherheitsvorfall genauer erläutert. Die Definition des Begriffes Informationssicherheitsvorfall nach Art und Umfang orientiert sich am Schutzbedarf der betroffenen Bestandteile des Informationsverbundes. Ein Informationssicherheitsvorfall kann auch dann vorliegen, wenn mindestens eines der Schutzziele (Verfügbarkeit, Integrität, Vertraulichkeit, Authentizität) gemäß den Vorgaben des institutsspezifischen Sollkonzepts der Informationssicherheit verletzt ist. Die Begriffe „Informationssicherheitsvorfall", „sicherheitsrelevantes Ereignis" (im Sinne der operativen IT-Sicherheit) und „Abweichung vom Regelbetrieb" (im Sinne von Störung im Tagesbetrieb) werden nachvollziehbar voneinander abgegrenzt.[49]

Im EBA-Leitfaden EBA/GL/2017/05 „Guidelines on ICT Risk Assessment under the Supervisory Review and Evaluation process (SREP)" wird ein dokumentiertes Management von Informationssicherheitsvorfällen mit Rollen und Verantwortlichkeiten inklusive eines Eskalationsprozesses gefordert.

In einer Prüfung des Informationssicherheitsmanagements durch die Interne Revision sollten folgende Punkte im Zusammenhang mit Informationssicherheitsvorfällen geklärt werden:

- Wie ist das Vorgehen bei Informationssicherheitsvorfällen im Institut geregelt?
- Welche Rollen und Verantwortlichkeiten gibt es im Zusammenhang mit Informationssicherheitsvorfällen?
- An wen werden Informationssicherheitsvorfälle berichtet (intern und extern)?
- Ist ein klarer Prozessablauf und Berichtsablauf für Informationssicherheitsverfahren festgelegt?
- Gibt es einen Eskalationsprozess von Störungen hin zu Informationssicherheitsvorfällen?
- Was für Informationssicherheitsvorfälle gab es in der Vergangenheit und wie zeitnah wurden diese behoben?

> 4.8
>
> Das Institut hat eine Richtlinie über das Testen und Überprüfen der Maßnahmen zum Schutz der Informationssicherheit einzuführen und diese regelmäßig und anlassbezogen zu überprüfen und bei Bedarf anzupassen.

49) Vgl. Erläuterungen zu 4.7 BAIT.

Richtlinie über das Testen und Überprüfen der Maßnahmen zum Schutz der Informationssicherheit

Die Richtlinie berücksichtigt u.a.:

- die allgemeine Bedrohungslage (z.B. Informationen über BSI-Bund),
- die individuelle Risikosituation des Instituts,
- Kategorien von Test- und Überprüfungsobjekten (z.B. das Institut, IT-Systeme, Komponenten),
- Art, Umfang und Frequenz von Tests und Überprüfungen,
- Zuständigkeiten und Regelungen zur Vermeidung von Interessenkonflikten.[50]

Beispiel:
Richtlinie über das Testen und Überprüfen der Maßnahmen zum Schutz der Informationssicherheit

Diese Anforderung in den BAIT ist neu. Hierbei bietet sich ein Lösungsansatz an, der an den Gliederungspunkten in der Erläuterung zu 4.8 der BAIT orientiert ist.

Vorspann zur allgemeinen Bedrohungslage

Hierbei sollte das Institut eine kurze verbale Ausführung zur allgemeinen Bedrohungslage erstellen. Dabei ist auf die Stellung der Informationsverarbeitung einzugehen. Diese spielt regelmäßig eine Schlüsselrolle für unsere Aufgabenerfüllung der Informationssicherheit.

Weiterhin sind in der IT-Strategie des Instituts regelmäßig Angaben zur Informationssicherheit vorhanden. Diese sollten auch hier angegeben werden. Regelmäßig verabschiedet der Vorstand des Instituts eine aktuelle Version der Informationssicherheitsleitlinie, die die Grundlagen der Informationssicherheitsleitlinie berücksichtigt. In dieser sind die einzelnen Maßnahmen zum Schutz der Informationssicherheit definiert.

Geeignet ist es auch, dass eine Richtlinie über das Testen und Überprüfen der Maßnahmen zum Schutz der Informationssicherheit eingeführt wird. Denn hierdurch kann sichergestellt werden, dass die Maßnahmen zur Informationssicherheit in jährlichem Turnus und bei aktuellen Ereignissen sowie bei ad-hoc aufgetretenen Schwächen auch umgehend an das aktuell notwendige Sicherheitsniveau angepasst wird.

50) Vgl. Erläuterungen zu 4.8 BAIT.

Exemplarische Inhaltsübersicht der Richtlinie über das Testen und Überprüfen der Maßnahmen zum Schutz der Informationssicherheit

- Allgemeine Bedrohungslage und individuelle Risikosituation des Instituts
- Kategorien von Test- und Überprüfungsobjekten (z.B. das Institut, IT-Systeme, Komponenten)
- Art, Umfang und Frequenz von Tests und Überprüfungen
- Zuständigkeiten und Regelungen zur Vermeidung von Interessenkonflikten.

Bedrohungslage und IT-Risikosituation

Die Einschätzung der allgemeinen Bedrohungslage und IT-Risikosituation des Instituts wird durch das Informationsrisikomanagement und/oder den Informationssicherheitsbeauftragten erstellt. Beide Organisationseinheiten befassen sich regelmäßig auch mit der Einschätzung der allgemeinen Bedrohungslage, die in der IT-Strategie formuliert wird. Darüber hinaus sind beide Einheiten innerhalb der Second-Line-of-Defense auch für den vierteljährlichen Statusbericht zur Informationssicherheit des Instituts zuständig. Bei aktuell auftretenden Informationssicherheitsvorfällen erstatten sie auch ad-hoc Bericht an die Geschäftsleitung.

Kategorien von Test- und Überprüfungsobjekten (z.B. das Institut, IT-Systeme, Komponenten)

Diese Test- und Überprüfungsobjekte zur Überprüfung der Maßnahmen zum Schutz der Informationssicherheit können wie folgt aussehen:

Mögliche Kategorie der Test- und Überprüfungsobjekte	**Stichworte**	**Beschreibung**
Auf der Ebene des Kreditinstituts	• IT-Strategie • IT-Governance • Informationssicherheitsleitlinie • Bedrohungslage	In jährlichem Turnus werden die einzelnen Maßnahmen zum Schutz der Informationssicherheit auf der Ebene des Instituts überprüft und getestet.

Auf der Ebene der IT-Systeme/Komponenten/Informationsverbunds	• Einhaltung der einzelnen Schutzziele • Ermittlung des jeweiligen Schutzbedarfs- und IT-Risikoermittlung • Übersicht über die einzelnen Maßnahmen zur IT-Risikoreduzierung	In risikoorientiertem Turnus werden die Maßnahmen zum Schutz der Informationssicherheit auf der Ebene der IT-Systeme/Komponenten/Informationsverbund überprüft und getestet.

Art, Umfang und Frequenz von Tests und Überprüfungen

Test- und Überprüfungsobjekte	Art	Umfang	Tests	Überprüfungen
Institut				
IT-Strategie	Jährliche inhaltliche Überprüfung	Vollständiger inhaltlicher Abgleich mit den Anforderungen der Informationssicherheit	KPI-Strategie Radar/Einhaltung der IT-strategischen Ziele inkl. Informationssicherheit	Jährlicher Turnus
IT-Governance	Jährliche inhaltliche Überprüfung	Vollständiger inhaltlicher Abgleich mit den Anforderungen der Informationssicherheit	Überprüfung der qualitativen und quantitativen Kriterien zur Weiterentwicklung der IT-Systeme (vgl. BAIT 2.5)	Jährlicher Turnus
Informationssicherheitsleitlinie	Jährliche inhaltliche Überprüfung	Vollständiger inhaltlicher Abgleich mit den Anforderungen der Informationssicherheit	Test des Sicherheitsbewusstseins der Mitarbeiter der Bank (Regelmäßige Schulungen mit abschließendem Test)	Jährlicher Turnus
IT-Systeme, Komponenten, Informationsverbund				

Test- und Überprüfungsobjekte	Art	Umfang	Tests	Überprüfungen
Schutzziele	Jährliche inhaltliche Überprüfung	Vollständige inhaltliche Überprüfung der Schutzziele hinsichtlich der Angemessenheit, Ordnungsmäßigkeit und Sicherheit unserer Daten und IT-Systeme	Test der Einhaltung der Schutzziele innerhalb des risikoorientierten Kontrollplans des Informationssicherhei tsbeauftragten	Jährlicher Turnus
Schutzbedarfs- und IT-Risikoermittlung	Risikoorientierter Ansatz	Intervall abhängig von der risikoorientierten Schutzbedarfsermittlung sowie aktuellen Bedrohungen	Überprüfung der Schutzbedarfsfeststellung und der zugehörigen Dokumentation durch das Informationsrisikomanagement; der Informationssicherheitsbeauftragte testet die Wirksamkeit des ermittelten Schutzbedarfs während seiner Kontrollen.	Ab jährlichem Turnus bis zu vierjährlichem Turnus
Maßnahmen zur IT-Risikoreduzierung	Jährliche inhaltliche Überprüfung	Vollständige inhaltliche Überprüfung und ggf. erforderliche Modifizierung der im System zur Schutzbedarfserhebung und IT-Risikoermittlung eingepflegten Maßnahmen	Die Maßnahmen zur IT-Risikoreduzierung werden vom Informationssicherhei tsbeauftragten überprüft und auch in Einzelfällen getestet, z.B. im Kontrollplan.	Jährlicher Turnus

Zuständigkeiten und Regelungen zur Vermeidung von Interessenkonflikten

Der Informationssicherheitsbeauftragte des Instituts hat die Hauptverantwortung für das Testen und Überprüfen der Maßnahmen zum Schutz der Informationssicherheit. Hierbei wird er von weiteren Bereichen des Instituts wie IT-Betrieb unterstützt. Er achtet zudem darauf, dass Interessenkonflikte und unvereinbare Tätigkeiten innerhalb der IT-Aufbau- und IT-Ablauforganisation vermieden werden. Der Grundsatz der funktionalen Trennung wurde auch bei der Ausgestaltung der IT-Aufbau- und IT-Ablauforganisation des Instituts berücksichtigt.

Hierfür wurden die zentralen Bereiche der IT aufbauorganisatorisch getrennt. Im Einzelnen ergibt sich im Sinne der Three-Lines-of-Defense folgende Struktur:

First-Line-of-Defense	**Second-Line-of-Defense**	**Third-Line-of-Defense**
• IT-Betrieb, IT-Organisation	• Informationsrisikomanagement • Informationssicherheitsbeauftragter	• Interne Revision (IT-Revision)

Durch das Prinzip der Funktionstrennung soll verhindert werden, dass die Verantwortlichkeiten an kritischen Punkten eines Prozesses bei einer einzigen Person legen und missbraucht werden könnten. Dieses Prinzip gilt insbesondere für die Trennung von ausführenden und kontrollierenden Funktionen, die nicht in einer Hand liegen dürfen.

Sparsamkeitsgrundsatz

Das Prinzip zur Vergabe von Berechtigungen nach dem Sparsamkeitsgrundsatz besagt, dass jeder Mitarbeiter oder technische User nur so viele Rechte erhält, wie zur Ausführung einer Aufgabe benötigt werden. Die Grundlage zur Umsetzung dieses Prinzips bilden Berechtigungskonzepte, in denen Rollen und Kompetenzen beschrieben sind.

Festlegung von Zutritts-, Zugangs- und Zugriffsrechten

Verantwortlichkeit und Rechenschaftspflicht für die Festlegung von Zutritts-, Zugangs- und Zugriffsrechten liegen bei den Informationseigentümern. Der Zugriff auf Informationen darf Nutzern nur zur Erfüllung ihrer definierten Geschäftsaufgabe gewährt werden.

Die organisatorischen und technischen Rahmenbedingungen zum dokumentierten Nachweis der Vergabe, Kontrolle und Rezertifizierung der Berechtigungen liegt in der Verantwortung des Informationseigentümers. Dies umfasst insbesondere auch die Berücksichtigung des Prinzips der Funktionstrennung und eines mehrstufigen Freigabeprozesses (z.B. Vier-Augen-Prinzip) bei der Genehmigung von Zugriffsberechtigungen auf Informationen mit einem hohen Schutzbedarf.

Zur ganzheitlichen Sicherheit zählt auch der physische Schutz von Informationen. Darunter fallen insbesondere die Prinzipien des gesperrten Bildschirms („clean screen“) und des aufgeräumten Arbeitsplatzes („clear desk“).

> 4.9
>
> Das Institut hat ein kontinuierliches und angemessenes Sensibilisierungs- und Schulungsprogramm für Informationssicherheit festzulegen. Der Erfolg der festgelegten Sensibilisierungs- und Schulungsmaßnahmen ist zu überprüfen.

Sensibilisierungs- und Schulungsprogramm Informationssicherheit

Das Programm sollte zielgruppenorientiert mindestens folgende Aspekte berücksichtigen:[51]

- persönliche Verantwortung für eigene Handlungen und Unterlassungen sowie allgemeine Verantwortlichkeiten zum Schutz von Informationen,
- grundsätzliche Verfahren zur Informationssicherheit (wie Berichterstattung über Informationssicherheitsvorfälle) und allgemeingültige Sicherheitsmaßnahmen (z.B. zu Passwörtern, Social Engineering, Prävention vor Schadsoftware und dem Verhalten bei Verdacht auf Schadsoftware).

Hierbei hebt die Aufsicht die Bedeutung der Sensibilisierung für Informationssicherheit im Unternehmen hervor. Denn das aktive Mitwirken aller beteiligen Beschäftigten ist für eine nachhaltige Informationssicherheit der entscheidende Erfolgsfaktor. Es ist die originäre Aufgabe der Informationssicherheit, durch Schulungen bzw. Informationen die fortlaufende Sensibilisierung für Informationssicherheit hochzuhalten. Dies wird in der Praxis im Rahmen von § 44 KWG-Prüfungen regelmäßig durch die Aufsicht hinterfragt.

> 4.10
>
> Der Informationssicherheitsbeauftragte hat der Geschäftsleitung regelmäßig, mindestens vierteljährlich, über den Status der Informationssicherheit sowie anlassbezogen zu berichten.

51) Vgl. Erläuterungen zu 4.9 BAIT.

Statusbericht Informationssicherheit

Der Statusbericht enthält beispielsweise die Bewertung der Informationssicherheitslage im Vergleich zum Vorbericht, Informationen zu Projekten zur Informationssicherheit, Informationssicherheitsvorfälle sowie Penetrationstestergebnisse.[52)]

Weitere mögliche Berichtsinhalte könnten Projekte zur Informationssicherheit, Zwischen-/Ergebnisstände über aktuelle IT-Projekte, Informationssicherheitsvorfälle sowie Einzelergebnisse von Penetrationstest sein.

Auch wesentliche Ergebnisse aus internen und externen Prüfungen im Zusammenhang mit den Themen IT und Informationssicherheit bieten sich für den Statusbericht des Informationssicherheitsbeauftragten an.

Abbildung 12 enthält die Checkliste zum Informationssicherheitsmanagement.

Nr.	Revisionsseitige Fragestellungen	Erfüllt
1	Ist ein Informationssicherheitsmanagement (inkl. Stellvertreter) eingerichtet?	
2	Orientiert sich das Informationssicherheitsmanagementsystem (ISMS) an den gängigen Standards (z.B. BSI-Grundschutz)?	
3	Macht das Informationssicherheitsmanagement Vorgaben zur Informationssicherheit, definiert Prozesse und steuert deren Umsetzung (vgl. AT 7.2 Tz. 2 MaRisk)?	
4	Orientiert sich das Informationssicherheitsmanagement an einem fortlaufenden Prozess, der die Phasen Planung, Umsetzung, Erfolgskontrolle sowie Optimierung und Verbesserung umfasst?	
5	Sind die inhaltlichen Berichtspflichten des Informationssicherheitsbeauftragten an die Geschäftsleitung sowie der Turnus der Berichterstattung an BT 3.2 Tz. 1 MaRisk angepasst?	
6	Gibt es eine von der Geschäftsleitung veröffentlichte Informationssicherheitsleitlinie?	

52) Vgl. Erläuterungen zu 4.10 BAIT.

Nr.	Revisionsseitige Fragestellungen	Erfüllt
7	Ist die Informationssicherheitsleitlinie konsistent zur Geschäfts- und zur IT-Strategie?	
8	Wird die Leitlinie bei wesentlichen Veränderungen der Rahmenbedingungen geprüft und bei Bedarf zeitnah angepasst?	
9	Werden auf Basis der Informationssicherheitsleitlinie konkretisierende, den Stand der Technik berücksichtigende Informationssicherheitsrichtlinien und Informationssicherheitsprozesse mit den Teilprozessen Identifizierung, Schutz, Entdeckung, Reaktion und Wiederherstellung definiert?	
10	Existieren Informationssicherheitsrichtlinien beispielsweise für die Bereiche Netzwerksicherheit, Kryptografie, Identitäts- und Rechtemanagement, Protokollierung sowie physische Sicherheit (z.B. Perimeter- und Gebäudeschutz)?	
11	Dienen Informationssicherheitsprozesse in erster Linie zur Erreichung der vereinbarten Schutzziele? (Dazu gehört u.a., Informationssicherheitsvorfällen vorzubeugen bzw. diese zu identifizieren sowie die angemessene Reaktion und Kommunikation im weiteren Verlauf.)	
12	Hat die Geschäftsleitung die Funktion des Informationssicherheitsbeauftragten eingerichtet?	
13	Umfasst diese Funktion die Verantwortung für die Wahrnehmung aller Belange der Informationssicherheit innerhalb des Instituts und gegenüber Dritten?	
14	Ist sichergestellt, dass die in der IT-Strategie, der Informationssicherheitsleitlinie und den Informationssicherheitsrichtlinien des Instituts festgelegten Ziele und Maßnahmen hinsichtlich der Informationssicherheit sowohl intern als auch gegenüber Dritten transparent gemacht und deren Einhaltung regelmäßig sowie anlassbezogen überprüft und überwacht werden?	

Nr.	Revisionsseitige Fragestellungen	Erfüllt
15	Umfasst die Funktion des Informationssicherheitsbeauftragten insbesondere die nachfolgenden Aufgaben? • die Geschäftsleitung beim Festlegen und Anpassen der Informationssicherheitsleitlinie unterstützen und in allen Fragen der Informationssicherheit beraten; dies umfasst auch Hilfestellungen bei der Lösung von Zielkonflikten (z.B. Wirtschaftlichkeit kontra Informationssicherheit), • Erstellung von Informationssicherheitsrichtlinien und ggf. weiteren einschlägigen Regelungen sowie die Kontrolle ihrer Einhaltung, • den Informationssicherheitsprozess im Institut steuern und koordinieren sowie diesen gegenüber IT-Dienstleistern überwachen und bei allen damit zusammenhängenden Aufgaben mitwirken, • Beteiligung bei der Erstellung und Fortschreibung des Notfallkonzepts bzgl. der IT- und Informationssicherheitsbelange, • die Realisierung von Informationssicherheitsmaßnahmen initiieren und überwachen, • Überwachung und Sicherstellung der Einhaltung der Informationssicherheit bei Projekten und Beschaffungen, • als Ansprechpartner für Fragen der Informationssicherheit innerhalb des Instituts und für Dritte bereitstehen, • Informationssicherheitsvorfälle untersuchen und an die Geschäftsleitung berichten, Sensibilisierungs- und Schulungsmaßnahmen zur Informationssicherheit initiieren und koordinieren.	
16	Wird der Informationssicherheitsbeauftragte durch ein Informationssicherheitsmanagement-Team unterstützt (Kann-Maßnahme)?	
17	Ist die Funktion des Informationssicherheitsbeauftragten organisatorisch und prozessual unabhängig ausgestaltet, um mögliche Interessenkonflikte zu vermeiden?	

Nr.	Revisionsseitige Fragestellungen	Erfüllt
18	Wurden zur Vermeidung möglicher Interessenkonflikte insbesondere folgende Maßnahmen beachtet? • Funktions- und Stellenbeschreibung für den Informationssicherheitsbeauftragten, seinen Vertreter und ggf. weitere Stellen, • Festlegung der erforderlichen Ressourcenausstattung für die Funktion des Informationssicherheitsbeauftragten, • ein der Funktion zugewiesenes Budget für Informationssicherheitsschulungen im Institut und die persönliche Weiterbildung des Informationssicherheitsbeauftragten sowie seines Vertreters, • unmittelbare und jederzeitige Gelegenheit zur Berichterstattung des Informationssicherheitsbeauftragten an die Geschäftsleitung, • Verpflichtung der Beschäftigten des Instituts sowie der IT-Dienstleister zur sofortigen und umfassenden Unterrichtung des Informationssicherheitsbeauftragten über alle bekannt gewordenen informationssicherheitsrelevanten Sachverhalte, die das Institut betreffen. • Die Funktion des Informationssicherheitsbeauftragten wird von den Bereichen getrennt, die für den Betrieb und die Weiterentwicklung der IT-Systeme zuständig sind. • Der Informationssicherheitsbeauftragte nimmt keinesfalls Aufgaben der Internen Revision wahr.	
19	Hat das Institut die Funktion des Informationssicherheitsbeauftragten im eigenen Haus eingerichtet?	
20	Wurde im Hinblick auf regional tätige (insbesondere verbundangehörige) Institute sowie kleine (insbesondere gruppenangehörige) Institute ohne wesentliche eigenbetriebene IT mit einem gleichgerichteten Geschäftsmodell und gemeinsamen IT-Dienstleistern für die Abwicklung von bankfachlichen Prozessen mit regelmäßig (verbund- oder gruppenseitig) vorhandenen Kontrollmechanismen von mehreren Institute ein gemeinsamer Informationssicherheitsbeauftragten bestellt?	

Nr.	Revisionsseitige Fragestellungen	Erfüllt
21	Ist bei dieser Erleichterungsregelung vertraglich sichergestellt, dass dieser gemeinsame Informationssicherheitsbeauftragte die Wahrnehmung der einschlägigen Aufgaben der Funktion in allen betreffenden Instituten jederzeit gewährleisten kann? Ist in diesem Fall im Institut eine zuständige Ansprechperson für den Informationssicherheitsbeauftragten benannt worden?	
22	Kombiniert das Institut die Funktion des Informationssicherheitsbeauftragten grundsätzlich mit anderen Funktionen im Institut?	
23	Bleibt die Möglichkeit, sich externer Unterstützung per Servicevertrag zu bedienen, für das Institut unberührt?	
24	Werden nach einem Informationssicherheitsvorfall die Auswirkungen auf die Informationssicherheit zeitnah analysiert und angemessene Nachsorgemaßnahmen veranlasst?	
25	Orientiert sich die Definition des Begriffes „Informationssicherheitsvorfall“ nach Art und Umfang am Schutzbedarf der betroffenen Bestandteile des Informationsverbundes?	
26	Liegt ein Informationssicherheitsvorfall auch dann vor, wenn mindestens eines der Schutzziele (Verfügbarkeit, Integrität, Vertraulichkeit, Authentizität) gemäß den Vorgaben des institutsspezifischen Sollkonzepts der Informationssicherheit verletzt ist?	
27	Werden die Begriffe „Informationssicherheitsvorfall“, „sicherheitsrelevantes Ereignis“ (im Sinne der operativen IT-Sicherheit) und „Abweichung vom Regelbetrieb“ (im Sinne von Störung im Tagesbetrieb) nachvollziehbar voneinander abgegrenzt?	
28	Hat das Institut hat eine Richtlinie über das Testen und Überprüfen der Maßnahmen zum Schutz der Informationssicherheit eingeführt und diese regelmäßig und anlassbezogen überprüft bzw. bei Bedarf angepasst?	

Nr.	Revisionsseitige Fragestellungen	Erfüllt
29	Berücksichtigt die Richtlinie u.a. folgende Inhalte: • die allgemeine Bedrohungslage, • die individuelle Risikosituation des Instituts, • Kategorien von Test- und Überprüfungsobjekten (z.B. das Institut, IT-Systeme, Komponenten), • Art, Umfang und Frequenz von Tests und Überprüfungen, • Zuständigkeiten und Regelungen zur Vermeidung von Interessenkonflikten?	
30	Verfügt das Institut über ein kontinuierliches und angemessenes Sensibilisierungs- und Schulungsprogramm für die Informationssicherheit?	
31	Wird der Erfolg der festgelegten Sensibilisierungs- und Schulungsmaßnahmen überprüft?	
32	Berücksichtigt das Programm zielgruppenorientiert mindestens folgende Aspekte: • persönliche Verantwortung für eigene Handlungen und Unterlassungen sowie allgemeine Verantwortlichkeiten zum Schutz von Informationen, • grundsätzliche Verfahren zur Informationssicherheit (wie Berichterstattung über Informationssicherheitsvorfälle) und allgemeingültige Sicherheitsmaßnahmen (z.B. zu Passwörtern, Social Engineering, Prävention vor Schadsoftware und dem Verhalten bei Verdacht auf Schadsoftware)?	
33	Berichtet der Informationssicherheitsbeauftragte der Geschäftsleitung regelmäßig, mindestens vierteljährlich und auch anlassbezogen, über den Status der Informationssicherheit?	
34	Enthält der Statusbericht beispielsweise die Bewertung der Informationssicherheitslage im Vergleich zum Vorbericht, Informationen zu Projekten zur Informationssicherheit, Informationssicherheitsvorfälle sowie Penetrationstestergebnisse?	

Tabelle 12: Checkliste Informationssicherheitsmanagement

5. Operative Informationssicherheit

Das Kapitel *Operative Informationssicherheit* wurde neu in die BAIT eingefügt. Hierbei sollen die Anforderungen des Informationssicherheitsmanagements flächendeckend im Institut – und vor allem in der First-Line-of-Defense – umgesetzt werden.

5.1

Die operative Informationssicherheit setzt die Anforderungen des Informationssicherheitsmanagements um. IT-Systeme, die zugehörigen IT-Prozesse und sonstige Bestandteile des Informationsverbundes müssen die Integrität, die Verfügbarkeit, die Authentizität sowie die Vertraulichkeit der Daten sicherstellen. Für diese Zwecke ist bei der Ausgestaltung der IT-Systeme und der zugehörigen IT-Prozesse grundsätzlich auf gängige Standards abzustellen (vgl. AT 7.2 Tz. 2 MaRisk). Für IT-Risiken sind angemessene Überwachungs- und Steuerungsprozesse einzurichten, die insbesondere die Festlegung von IT-Risikokriterien, die Identifikation von IT-Risiken, die Festlegung des Schutzbedarfs, daraus abgeleitete Schutzmaßnahmen für den IT-Betrieb sowie die Festlegung entsprechender Maßnahmen zur Risikobehandlung und -minderung umfassen (vgl. AT 7.2 Tz. 4 MaRisk).

Anforderungen an die operative Informationssicherheit

Die Anforderungen an die operative Informationssicherheit setzen für die IT-Systeme, die zugehörigen IT-Prozesse und sonstige Bestandteile des Informationsverbundes sowie dessen Integrität, Verfügbarkeit, Authentizität und Vertraulichkeit der Daten neue Anforderungen. Es geht hier insbesondere um die Funktionsfähigkeit der internen Kontrollsysteme in den einzelnen Instituten. Dies ist auch für die Interne Revision ein wichtiger Ansatzpunkt und Inhalt der IT-Prüfungen. Die Folgeabschnitte führen die bankaufsichtsrechtlichen Anforderungen im Einzelnen auf.

5.2

Das Institut hat auf Basis der Informationssicherheitsleitlinie und Informationssicherheitsrichtlinien angemessene, dem Stand der Technik entsprechende, operative Informationssicherheitsmaßnahmen und Prozesse zu implementieren.

Informationssicherheitsmaßnahmen und -prozesse berücksichtigen u.a.:[53]

- Schwachstellenmanagement zur Erkennung, Bewertung, Behandlung und Dokumentation von Schwachstellen,
- Segmentierung und Kontrolle des Netzwerks (einschließlich Richtlinienkonformität der Endgeräte),
- Konfiguration von IT-Systemen (Härtung),
- Verschlüsselung von Daten bei Speicherung und Übertragung gemäß Schutzbedarf,
- mehrstufigen Schutz der IT-Systeme gemäß Schutzbedarf (z.B. vor Datenverlust, Manipulation oder Verfügbarkeitsangriffen oder vor nicht autorisiertem Zugriff),
- Perimeterschutz von z.B. Liegenschaften, Rechenzentren und anderen sensiblen Bereichen.

5.3

Gefährdungen des Informationsverbundes sind möglichst frühzeitig zu identifizieren. Potenziell sicherheitsrelevante Informationen sind angemessen zeitnah, regelbasiert und zentral auszuwerten. Diese Informationen müssen bei Transport und Speicherung geschützt werden und für eine angemessene Zeit zur späteren Auswertung zur Verfügung stehen.

Potenziell sicherheitsrelevante Informationen sind z.B. Protokolldaten, Meldungen und Störungen, welche Hinweise auf Verletzung der Schutzziele geben können.

Regelbasierte Auswertungen

Die regelbasierte Auswertung (z.B. über Parameter, Korrelationen von Informationen, Abweichungen oder Muster) großer Datenmengen erfordert in der Regel den Einsatz automatisierter IT-Systeme. Spätere Auswertungen umfassen u.a. forensische Analysen und interne Verbesserungsmaßnahmen. Der Zeitraum sollte der Bedrohungslage entsprechend bemessen sein.[54]

5.4

Es ist ein angemessenes Portfolio an Regeln zur Identifizierung sicherheitsrelevanter Ereignisse zu definieren. Regeln sind vor Inbetriebnahme zu testen. Die Regeln sind regelmäßig und anlassbezogen auf Wirksamkeit zu prüfen und weiterzuentwickeln.

53) Vgl. Erläuterungen zu 5.2 BAIT.

Regeln erkennen beispielsweise, ob vermehrt nicht autorisierte Zugriffsversuche stattgefunden haben, erwartete Protokolldaten nicht mehr angeliefert werden oder die Uhrzeiten der anliefernden IT-Systeme voneinander abweichen.[55]

> 5.5
>
> Sicherheitsrelevante Ereignisse sind zeitnah zu analysieren, und auf daraus resultierende Informationssicherheitsvorfälle ist unter Verantwortung des Informationssicherheitsmanagements angemessen zu reagieren.

Sicherheitsrelevante Ereignisse

Sicherheitsrelevante Ereignisse ergeben sich beispielsweise aus der regelbasierten Auswertung der potenziell sicherheitsrelevanten Informationen. Die zeitnahe Analyse und Reaktion kann eine ständig besetzte zentrale Stelle, z.B. in Form eines Security Operation Centers (SOC), erfordern.[56]

> 5.6
>
> Die Sicherheit der IT-Systeme ist regelmäßig, anlassbezogen und unter Vermeidung von Interessenkonflikten zu überprüfen. Ergebnisse sind hinsichtlich notwendiger Verbesserungen zu analysieren und Risiken angemessen zu steuern.

Sicherheit der IT-Systeme

Turnus, Art und Umfang der Überprüfung sollten sich insbesondere am Schutzbedarf und der potenziellen Angriffsfläche (z.B. Erreichbarkeit aus dem Internet) des IT-Systems orientieren. Arten der Überprüfungen sind z.B.:

- Abweichungsanalysen (Gap-Analyse),
- Schwachstellenscans,
- Penetrationstests,
- Simulationen von Angriffen.[57]

Tabelle 13 enthält eine Checkliste zur Prüfung der operativen Informationssicherheit.

54) Vgl. Erläuterungen zu 5.3 BAIT.
55) Vgl. Erläuterungen zu 5.4 BAIT.
56) Vgl. Erläuterungen zu 5.5 BAIT.
57) Vgl. Erläuterungen zu 5.6 BAIT.

Nr.	Revisionsseitige Fragestellungen	Erfüllt
1	Setzt die eingerichtete operative Informationssicherheit die Anforderungen des Informationssicherheitsmanagements um? Stellen IT-Systeme, die zugehörigen IT-Prozesse und sonstige Bestandteile des Informationsverbundes die Integrität, die Verfügbarkeit, die Authentizität sowie die Vertraulichkeit der Daten sicher?	
2	Wurde für diese Zwecke bei der Ausgestaltung der IT-Systeme und der zugehörigen IT-Prozesse grundsätzlich auf gängige Standards abgestellt (vgl. AT 7.2 Tz. 2 MaRisk)?	
3	Wurden für IT-Risiken angemessene Überwachungs- und Steuerungsprozesse eingerichtet, die insbesondere die Festlegung von IT-Risikokriterien, die Identifikation von IT-Risiken, die Festlegung des Schutzbedarfs, daraus abgeleitete Schutzmaßnahmen für den IT-Betrieb sowie die Festlegung entsprechender Maßnahmen zur Risikobehandlung und -minderung umfassen (vgl. AT 7.2 Tz. 4 MaRisk)?	
4	Hat das Institut auf Basis der Informationssicherheitsleitlinie und Informationssicherheitsrichtlinien angemessene, dem Stand der Technik entsprechende, operative Informationssicherheitsmaßnahmen und Prozesse implementiert?	
5	Berücksichtigen die eingerichteten Informationssicherheitsmaßnahmen und -prozesse u. a. folgende Inhalte: • Schwachstellenmanagement zur Erkennung, Bewertung, Behandlung und Dokumentation von Schwachstellen, • Segmentierung und Kontrolle des Netzwerks (einschließlich Richtlinienkonformität der Endgeräte), • sichere Konfiguration von IT-Systemen (Härtung), • Verschlüsselung von Daten bei Speicherung und Übertragung gemäß Schutzbedarf, • mehrstufigen Schutz der IT-Systeme gemäß Schutzbedarf (z.B. vor Datenverlust, Manipulation oder Verfügbarkeitsangriffen oder vor nicht autorisiertem Zugriff), • Perimeterschutz von z.B. Liegenschaften, Rechenzentren und anderen sensiblen Bereichen?	

Nr.	Revisionsseitige Fragestellungen	Erfüllt
6	Werden Gefährdungen des Informationsverbundes möglichst frühzeitig identifiziert?	
7	Ist gewährleistet, dass potenziell sicherheitsrelevante Informationen angemessen zeitnah, regelbasiert und zentral ausgewertet werden?	
8	Werden diese Informationen bei Transport und Speicherung geschützt und für eine angemessene Zeit zur späteren Auswertung zur Verfügung gestellt?	
9	Verfügt das Institut über potenziell sicherheitsrelevante Informationen wie beispielsweise Protokolldaten, Meldungen und Störungen, welche Hinweise auf Verletzung der Schutzziele geben können?	
10	Erfolgt eine regelbasierte Auswertung (z.B. über Parameter, Korrelationen von Informationen, Abweichungen oder Muster) großer Datenmengen mittels Einsatzes automatisierter IT-Systeme?	
11	Umfassen spätere Auswertungen u.a. forensische Analysen und interne Verbesserungsmaßnahmen?	
12	Ist der Zeitraum entsprechend der Bedrohungslage bemessen?	
13	Verfügt das Institut über ein angemessenes Portfolio an Regeln zur Identifizierung sicherheitsrelevanter Ereignisse?	
14	Werden die Regeln vor Inbetriebnahme getestet?	
15	Ist gewährleistet, dass die Regeln regelmäßig und anlassbezogen auf Wirksamkeit geprüft und weiterentwickelt werden?	
16	Stellt das Institut in Form von Routinen (Regeln) fest, ob vermehrt nicht autorisierte Zugriffsversuche stattgefunden haben, erwartete Protokolldaten nicht mehr angeliefert werden oder die Uhrzeiten der anliefernden IT-Systeme voneinander abweichen?	
17	Werden sicherheitsrelevante Ereignisse zeitnah analysiert und auf daraus resultierende Informationssicherheitsvorfälle unter Verantwortung des Informationssicherheitsmanagements angemessen reagiert?	

Nr.	Revisionsseitige Fragestellungen	Erfüllt
18	Ergeben sich aus regelbasierten Auswertungen sicherheitsrelevante Ereignisse mit potenziell sicherheitsrelevanten Informationen?	
19	Erfordert die zeitnahe Analyse und Reaktion eine ständig besetzte zentrale Stelle, z.B. in Form eines Security Operation Centers (SOC)?	
20	Wird die Sicherheit der IT-Systeme regelmäßig und ggf. anlassbezogen und unter Vermeidung von Interessenkonflikten überprüft?	
21	Stellt das Institut sicher, dass Ergebnisse hinsichtlich notwendiger Verbesserungen analysiert und Risiken angemessen gesteuert werden?	
22	Richten sich Turnus, Art und Umfang der Überprüfung insbesondere am Schutzbedarf und der potenziellen Angriffsfläche (z.B. Erreichbarkeit aus dem Internet) des IT-Systems aus? Arten der Überprüfungen sind z.B. • Abweichungsanalysen (Gap-Analyse) • Schwachstellenscans • Penetrationstests • Simulationen von Angriffen	

Tabelle 13: Checkliste Operative Informationssicherheit

6. Identitäts- und Rechtemanagement

Das *Identitäts- und Rechtemanagement* hat alle Vorgaben der Informationssicherheit und der MaRisk, insbesondere der internen Kontrollen (wie Identitätsprüfung), des Funktionsumfangs (Prinzip der minimalen Berechtigungen) und fachliche Vorgaben (wie die Beschränkung auf „Need-to-know“) zu berücksichtigen.

> 6.1
> Ein Identitäts- und Rechtemanagement stellt sicher, dass den Benutzern eingeräumte Berechtigungen so ausgestaltet sind und genutzt werden, wie es den organisatorischen und fachlichen Vorgaben des Instituts entspricht. Das Identitäts- und Rechtemanagement hat die Anforderungen nach AT 4.3.1 Tz. 2, AT 7.2 Tz. 2 sowie BTO Tz. 9 der MaRisk zu erfüllen. Jegliche Zugriffs-, Zugangs- und Zutrittsrechte auf Bestandteile bzw. zu Bestandteilen des Informationsverbundes sollten standardisierten Prozessen und Kontrollen unterliegen.

Die Anforderungen an das Benutzerberechtigungsmanagement sind in den MaRisk auf die Kapitel AT 4.3.1 „Aufbau- und Ablauforganisation“, AT 7.2 „Technisch-organisatorische Ausstattung“ und BTO „Anforderungen an die Aufbau- und Ablauforganisation“ verteilt.

Need-to-know- und Least-Privilege-Prinzip

Nach AT 4.3.1 Tz. 2 MaRisk sind Berechtigungen und Kompetenzen nach dem Sparsamkeitsgrundsatz (Need-to-know und Least-Privilege-Prinzip) zu vergeben und bei Bedarf zeitnah anzupassen. Dies beinhaltet auch die regelmäßige und anlassbezogene Überprüfung von IT-Berechtigungen, Zeichnungsberechtigungen und sonstigen eingeräumten Kompetenzen innerhalb angemessener Fristen. Die Fristen orientieren sich dabei an der Bedeutung der Prozesse und, bei IT-Berechtigungen, dem Schutzbedarf der verarbeiteten Informationen.

IT-Berechtigungsvergabe

Gemäß AT 7.2 Tz. 2 sind Prozesse für eine angemessene IT-Berechtigungsvergabe einzurichten, die sicherstellen, dass jeder Mitarbeiter nur über die Rechte verfügt, die er für seine Tätigkeit benötigt. Die Zusammenfassung von Berechtigungen in einem Rollenmodell ist dabei möglich. Die Eignung der IT-Systeme und der zugehörigen Prozesse ist regelmäßig von den fachlich und technisch zuständigen Mitarbeitern zu überprüfen. Die eingerichteten Berechtigungen dürfen nicht im Widerspruch zur organisatorischen Zuordnung von Mitarbeitern stehen. Insbesondere bei Berechtigungsvergaben im Rahmen von Rollenmodellen ist darauf zu achten, dass Funktionstrennungen beibehalten bzw. Interessenkonflikte vermieden werden.

In BTO Tz. 9 wird gefordert, dass die Benutzerberichtigungen immer möglichst restriktiv sind. Außerdem sind bei personellen Veränderungen die Benutzerberechtigungen unverzüglich zu überprüfen und anzupassen.

Prüfung Identitäts- und Berechtigungsmanagement

Für eine Prüfung des Identitäts- und Berechtigungsmanagements ist im ersten Schritt eine Bestandsaufnahme notwendig. Dazu sollten folgende Fragen geklärt werden:

- Wer ist für das Identitäts- und Berechtigungsmanagement im Institut zuständig?
- Wie ist sichergestellt, dass das Identitäts- und Berechtigungsmanagement an allen Veränderungen der System- und Anwendungslandschaft des Institutes beteiligt ist?
- Wie ist sichergestellt, dass das Identitäts- und Berechtigungsmanagement über alle personellen Veränderungen unverzüglich informiert wird?
- Für welche Systeme und Anwendungen liegt die operative Benutzerverwaltung beim Identitäts- und Berechtigungsmanagement?
- Für welche Systeme und Anwendungen liegt die operative Benutzerverwaltung nicht beim Identitäts- und Berechtigungsmanagement?
- Wie wird sichergestellt, dass auch für diese Systeme und Anwendungen die Anforderungen erfüllt werden?
- Wie werden kritische Berechtigungen wie z.B. Administrator-Berechtigungen verwaltet?
- Gibt es innerhalb verschiedener Administratoren unterschiedliche Gruppen, d.h. sinnvolle Aufgabentrennungen (eine Person darf niemals alle Rechte im Institut vergeben)?
- Werden alle Aktivitäten der Administratoren lückenlos erfasst und dokumentiert?
- Ist sichergestellt, dass die Administratoren die Dokumentation im Nachhinein nicht verändern können?
- Wie werden technische Benutzer verwaltet?

Eine mögliche Nutzungsbedingung ist die Befristung von eingeräumten Berechtigungen. Berechtigungen können, je nach Art, für personalisierte sowie für nicht personalisierte Benutzer (inkl. technische Benutzer) vorliegen. Zugangs- und Zugriffsberechtigungen auf den IT-Systemen können auf allen Ebenen eines IT-Systems (z.B. Betriebssystem, Datenbank, Anwendung) vor-

6.2

Berechtigungskonzepte legen den Umfang und die Nutzungsbedingungen der Berechtigungen für die IT-Systeme (Zugang zu IT-Systemen sowie Zugriff auf Daten) sowie die Zutrittsrechte zu Räumen konsistent zum ermittelten Schutzbedarf sowie vollständig und nachvollziehbar ableitbar für alle bereitgestellten Berechtigungen fest. Berechtigungskonzepte haben die Vergabe von Berechtigungen nach dem Sparsamkeitsgrundsatz („Need-to-know"- und „Least-Privilege"-Prinzipien) sicherzustellen, die Funktionstrennung auch berechtigungskonzeptübergreifend zu wahren und Interessenkonflikte zu vermeiden. Berechtigungskonzepte sind regelmäßig und anlassbezogen zu überprüfen und ggf. zu aktualisieren.

liegen. Technische Benutzer sind z.B. Benutzer, die von IT-Systemen verwendet werden, um sich gegenüber anderen IT-Systemen zu identifizieren oder um eigenständig IT-Routinen auszuführen.[58]

Es ist beispielsweise darauf zu achten, dass es keine speziellen User-Accounts gibt, die von einem ganzen Personenkreis verwendet werden und bei denen eine eindeutige Zuordnung nicht möglich ist.

Eine große Herausforderung für das Identitäts- und Berechtigungsmanagement ist es, alle personalisierten, nicht personalisierten und technischen Benutzer in den verschiedenen Systemen und Anwendungen eines Instituts zu kennen.

6.3

Zugriffe und Zugänge müssen jederzeit zweifelsfrei einer handelnden Person (möglichst automatisiert) zuzuordnen sein.

Beispielsweise müssen die automatisierten Aktivitäten den verantwortlichen Personen zuzuordnen sein. Abweichungen in begründeten Ausnahmefällen und die hieraus resultierenden Risiken sind zu bewerten, zu dokumentieren und anschließend von der fachlich verantwortlichen Stelle zu genehmigen.[59]

6.4

Die Verfahren zur Einrichtung, Änderung, Deaktivierung oder Löschung von Berechtigungen für Benutzer haben durch Genehmigungs- und Kontrollprozesse sicherzustellen, dass die Vorgaben des Berechtigungskonzepts eingehalten werden. Dabei ist die fachlich verantwortliche Stelle angemessen einzubinden, sodass sie ihrer fachlichen Verantwortung nachkommen kann.

58) Vgl. Erläuterungen zu 6.2 BAIT.

Einrichtung, Änderung, Deaktivierung oder Löschung von Berechtigungen

Die Einrichtung, Änderung, Deaktivierung oder Löschung von Berechtigungen umfassen jeweils auch die zeitnahe oder unverzügliche Umsetzung im Zielsystem. Grund für eine unverzügliche Deaktivierung bzw. Löschung von Berechtigungen ist u. a. die Gefahr einer missbräuchlichen Verwendung (z. B. bei fristloser Kündigung eines Mitarbeiters).[60)]

> 6.5
>
> Bei der Überprüfung, ob die eingeräumten Berechtigungen weiterhin benötigt werden und ob diese den Vorgaben des Berechtigungskonzepts entsprechen (Rezertifizierung), sind die für die Einrichtung, Änderung, Deaktivierung oder Löschung von Berechtigungen zuständigen Kontrollinstanzen einzubeziehen.

Rezertifizierung von Berechtigungen

Fällt im Rahmen der Rezertifizierung auf, dass nicht legitimierte Berechtigungen vorhanden sind, so werden diese gemäß Regelverfahren zeitnah entzogen.[61)] Auch bei der Rezertifizierung sollten die fachlich verantwortlichen Stellen eingebunden werden.

Beim Thema Überprüfung der eingeräumten Berechtigungen sei auf AT 4.3.1 Tz. 2 MaRisk verwiesen. Es sind alle IT-Berechtigungen, Zeichnungsberechtigungen und sonstigen eingeräumten Kompetenzen regelmäßig und anlassbezogen innerhalb angemessener Fristen zu überprüfen. Die Fristen orientieren sich dabei an der Bedeutung der Prozesse und des festgestellten Schutzbedarfs. Kritische IT-Berechtigungen wie z. B. Berechtigungen von Administratoren sind mindestens halbjährlich zu überprüfen. Wesentliche IT-Berechtigungen sind mindestens jährlich und alle anderen Berechtigungen sind mindestens alle drei Jahre zu überprüfen.

Wird bei der Rezertifizierung festgestellt, dass Berechtigungen nicht ordnungsgemäß eingeräumt wurden, so sind diese gemäß den definierten Verfahren zu entziehen.

Bei der Prüfung des Rezertifizierungprozesses sollte mithilfe einer Stichprobe untersucht werden, ob die Berechtigungen in der Rezertifizierung auch den tatsächlichen Berechtigungen in den IT-Systemen entsprechen.

---

59) Vgl. Erläuterungen zu 6.3 BAIT.
60) Vgl. Erläuterungen zu 6.4 BAIT.
61) Vgl. Erläuterungen zu 6.5 BAIT.

Aus Sicht der Internen Revision ist eine Datenbanklösung für Berechtigungsänderungen und Rezertifizierungen wünschenswert, da hierbei eine elektronische Auswertbarkeit gegeben ist.

Bei Prüfungen des Identitäts- und Berechtigungsmanagements bieten sich vonseiten der Internen Revision Stichprobenprüfungen von Berechtigungsänderungen (Einrichtung, Änderung, Deaktivierung, Löschung) an. Dadurch kann die Wirksamkeit der Genehmigungs- und Kontrollprozesse im Umgang mit Berechtigungen untersucht werden.

Im Rahmen einer Prüfung sollten folgende Punkte untersucht werden:

- Welche Systeme und Benutzer werden protokolliert und überwacht?
- Durch welche technischen Systeme wird die Protokollierung durchgeführt?
- Ist es möglich, die Protokollierung zu umgehen oder die Protokolle nachträglich zu verändern?
- Werden die Protokolle durch eine unabhängige Stelle ausgewertet?
- In welchem Umfang werden die Protokolle ausgewertet?

> 6.6
>
> Die Einrichtung, Änderung, Deaktivierung sowie Löschung von Berechtigungen und die Rezertifizierung sind nachvollziehbar und auswertbar zu dokumentieren.

Die Anforderung der Aufsicht zielt in erster Linie auf die lückenlose und nachvollziehbare Dokumentation sämtlicher Berechtigungsvorgänge sowie des Rezertifizierungsprozesses. Denn im Rahmen von internen und externen Prüfungen werden diese Dokumentationen (meist Systemdokumentationen) für die IT-Prüfungen herangezogen. Auch in internen Fraudfällen ist die zweifelsfreie Dokumentation von Berechtigungen essenziell.

> 6.7
>
> Das Institut hat nach Maßgabe des Schutzbedarfs und der Soll-Anforderungen Prozesse zur Protokollierung und Überwachung einzurichten, die überprüfbar machen, dass die Berechtigungen nur wie vorgesehen eingesetzt werden. Aufgrund der damit verbundenen weitreichenden Eingriffsmöglichkeiten hat das Institut insbesondere für die Aktivitäten mit privilegierten (besonders kritischen) Benutzer- und Zutrittsrechten angemessene Prozesse zur Protokollierung und Überwachung einzurichten.

Die übergeordnete Verantwortung für die Prozesse zur Protokollierung und Überwachung von Berechtigungen wird einer Stelle zugeordnet, die unabhängig vom berechtigten Benutzer oder dessen Organisationseinheit ist. Zu privilegierten Zutrittsrechten zählen in der Regel die Rechte zum Zutritt zu Rechenzentren, Technikräumen sowie sonstigen sensiblen Bereichen.[62]

> 6.8
>
> Durch begleitende technisch-organisatorische Maßnahmen ist einer Umgehung der Vorgaben der Berechtigungskonzepte vorzubeugen.

Technisch-organisatorische Maßnahmen sind beispielsweise:[63]

- Auswahl angemessener Authentifizierungsverfahren (u. a. starke Authentifizierung im Falle von Fernzugriffen),
- Implementierung einer Richtlinie zur Wahl sicherer Passwörter,
- automatische passwortgesicherte Bildschirmsperre,
- Verschlüsselung von Daten,
- manipulationssichere Implementierung der Protokollierung,
- Maßnahmen zur Sensibilisierung der Mitarbeiter.

Im Bereich des Identitäts- und Berechtigungsmanagements hat die Bankenaufsicht im Rahmen ihrer Prüfungen folgende Feststellungen getroffen:[64]

- Es lagen nicht für alle bankfachlichen Anwendungen Berechtigungskonzepte vor. Aus den vorhandenen Berechtigungskonzepten lassen sich die vergebenen Berechtigungen nicht in allen Fällen vollständig und nachvollziehbar bis auf die Ebene der Einzelrechte ableiten.
- Der Rezertifizierungsprozess war nicht nachvollziehbar geregelt und bislang wurden nicht alle Anwendungen und Berechtigungen in die Rezertifizierung einbezogen.
- Es fehlte ein bankweites, anwendungsübergreifendes Soll-Berechtigungskonzept mit einem Funktionstrennungsregelwerk.

62) Vgl. Erläuterungen zu 6.7 BAIT.

63) Vgl. Erläuterungen zu 6.8 BAIT.

64) Vgl. Zunker. T., Erfahrungsbericht: Bankaufsichtliche IT-Prüfungen, in: Revisions-Praktiker 12 – 01/2018, Heidelberg 2018, S. 232.

Tabelle 14 enthält eine Checkliste zum Benutzerberechtigungsmanagement.

Nr.	Revisionsseitige Fragestellungen	Erfüllt
1	Stellt das Identitäts- und Rechtemanagement sicher, dass den Benutzern eingeräumte Berechtigungen so ausgestaltet sind und genutzt werden, wie es den organisatorischen und fachlichen Vorgaben des Instituts entspricht?	
2	Erfüllt das Identitäts- und Rechtemanagement die Anforderungen nach AT 4.3.1 Tz. 2, AT 7.2 Tz. 2 sowie BTO Tz. 9 der MaRisk, d.h. jegliche Zugriffs-, Zugangs- und Zutrittsrechte auf Bestandteile bzw. zu Bestandteilen des Informationsverbundes sollten standardisierten Prozessen und Kontrollen unterliegen?	
3	Legen die Berechtigungskonzepte den Umfang und die Nutzungsbedingungen der Berechtigungen für die IT-Systeme (Zugang zu IT-Systemen sowie Zugriff auf Daten) sowie die Zutrittsrechte zu den für die Informationsverarbeitung relevanten Räumen konsistent zum ermittelten Schutzbedarf sowie vollständig und nachvollziehbar ableitbar für alle bereitgestellten Berechtigungen fest?	
4	Stellen die Berechtigungskonzepte die Vergabe von Berechtigungen an Benutzer nach dem Sparsamkeitsgrundsatz („Need-to-know"- und „Least-Privilege"-Prinzipien) sicher?	
5	Ist gewährleistet, dass die Funktionstrennung auch berechtigungskonzeptübergreifend gewahrt und Interessenkonflikte vermieden werden?	
6	Werden Berechtigungskonzepte regelmäßig bzw. anlassbezogen überprüft und ggf. aktualisiert?	
7	Ist sichergestellt, dass Zugriffe, Zugänge und Zutritte auch bei nicht personalisierten Aktivitäten jederzeit zweifelsfrei einer handelnden bzw. verantwortlichen Person (möglichst automatisiert) zugeordnet werden können?	
8	Werden dabei beispielsweise automatisierten Aktivitäten den verantwortlichen Personen zugeordnet?	

Nr.	Revisionsseitige Fragestellungen	Erfüllt
9	Ist gewährleistet, dass Abweichungen in begründeten Ausnahmefällen und die hieraus resultierenden Risiken bewertet, dokumentiert und anschließend von der fachlich verantwortlichen Stelle genehmigt werden?	
10	Hat das Institut sichergestellt, dass die Verfahren zur Einrichtung, Änderung, Deaktivierung oder Löschung von Berechtigungen für Benutzer durch adäquate Genehmigungs- und Kontrollprozesse sichergestellt und die Vorgaben des Berechtigungskonzepts eingehalten werden?	
11	Wird dabei die fachlich verantwortliche Stelle angemessen eingebunden, sodass sie ihrer fachlichen Verantwortung nachkommen kann?	
12	Umfasst die Einrichtung, Änderung, Deaktivierung oder Löschung von Berechtigungen jeweils auch die zeitnahe Umsetzung im Zielsystem?	
13	Werden Gründe für eine unverzügliche Deaktivierung bzw. Löschung von Berechtigungen nachgewiesen, wie z.B. das Ausscheiden eines Mitarbeiters aus dem Institut oder die Änderung von Zuständigkeiten?	
14	Wird bei der Überprüfung der eingeräumten Berechtigungen geprüft, ob diese weiterhin benötigt werden und ob diese den Vorgaben des Berechtigungskonzepts entsprechen (Rezertifizierung)?	
15	Ist sichergestellt, dass dabei die für die Einrichtung, Änderung, Deaktivierung oder Löschung von Berechtigungen zuständigen Kontrollinstanzen einbezogen werden?	
16	Wenn im Rahmen der Rezertifizierung auffällt, dass nicht legitimierte Berechtigungen vorhanden sind, werden diese gemäß Regelverfahren zeitnah entzogen und ggf. weitere Maßnahmen (z.B. Ursachenanalyse, Vorfallmeldung) ergriffen?	
17	Wird die Einrichtung, Änderung, Deaktivierung sowie Löschung von Berechtigungen und die Rezertifizierung nachvollziehbar und auswertbar dokumentiert?	

Nr.	Revisionsseitige Fragestellungen	Erfüllt
18	Hat das Institut nach Maßgabe des Schutzbedarfs und der Soll-Anforderungen Prozesse zur Protokollierung und Überwachung eingerichtet, die überprüfbar machen, dass die Berechtigungen nur wie vorgesehen eingesetzt werden?	
19	Wurden für die damit verbundenen weitreichenden Eingriffsmöglichkeiten insbesondere für die Aktivitäten mit privilegierten (besonders kritischen) Benutzerrechten angemessene Prozesse zur Protokollierung und Überwachung eingerichtet?	
20	Hat das Institut die übergeordnete Verantwortung für die Prozesse zur Protokollierung und Überwachung von Berechtigungen einer Stelle zugeordnet, die unabhängig vom berechtigten Benutzer oder dessen Organisationseinheit ist?	
21	Ist gewährleistet, dass durch begleitende technisch-organisatorische Maßnahmen der Umgehung der Vorgaben der Berechtigungskonzepte vorgebeugt wird?	
22	Wurden beispielweise folgende technisch-organisatorische Maßnahmen implementiert? • Auswahl angemessener Authentifizierungsverfahren (u.a. starke Authentifizierung im Falle von Fernzugriffen), • Implementierung einer Richtlinie zur Wahl sicherer Passwörter, • automatischer passwortgesicherter Bildschirmschoner, • Verschlüsselung von Daten, • manipulationssichere Implementierung der Protokollierung, • Maßnahmen zur Sensibilisierung der Mitarbeiter.	

Tabelle 14: Checkliste Benutzerberechtigungsmanagement

7. IT-Projekte, Anwendungsentwicklung

In diesem Kapitel werden die Anforderungen aus den MaRisk und BAIT im Zusammenhang mit der Verwaltung und Steuerung von IT-Projekten und der Anwendungsentwicklung vorgestellt.

> 7.1
>
> Wesentliche Veränderungen in den IT-Systemen im Rahmen von IT-Projekten, deren Auswirkung auf die IT-Aufbau- und IT-Ablauforganisation sowie die dazugehörigen IT-Prozesse sind im Rahmen einer Auswirkungsanalyse zu bewerten (vgl. AT 8.2 Tz. 1 MaRisk). Im Hinblick auf den erstmaligen Einsatz sowie wesentliche Veränderungen von IT-Systemen sind die Anforderungen des AT 7.2 (insbesondere Tz. 3 und Tz. 5) MaRisk, AT 8.2 Tz. 1 MaRisk sowie AT 8.3 Tz. 1 MaRisk zu erfüllen.

In AT 7.2 Tz. 3 MaRisk wird gefordert, dass IT-Systeme vor ihrem erstmaligen Einsatz und nach wesentlichen Veränderungen zu testen und von den fachlich sowie von den technisch zuständigen Mitarbeitern abzunehmen sind. Hierfür ist ein Regelprozess der Entwicklung, des Testens, der Freigabe und der Implementierung in die Produktionsprozesse zu etablieren.[65] Diese Anforderungen gelten gemäß AT 7.2 Tz. 5 MaRisk auch für durch die Fachbereiche selbst entwickelte Anwendungen (Individuelle Datenverarbeitung, IDV). Hierbei sind die Kritikalität der unterstützten Geschäftsprozesse und die Bedeutung der Anwendungen für diese Prozesse zu beachten.

IT-Aufbau- und Ablauforganisation

Vor wesentlichen Veränderungen in der Aufbau- und Ablauforganisation sowie in den IT-Systemen hat das Institut die Auswirkungen der geplanten Veränderungen auf die Kontrollverfahren und die Kontrollintensität zu analysieren.[66]

Die Anforderungen an Organisation und Steuerung von IT-Projekten in der BAIT werden in den Tzn. 32 bis 35 konkretisiert.

> 7.2
>
> Die organisatorischen Grundlagen für IT-Projekte und die Kriterien für deren Anwendung sind zu regeln.

65) Vgl. AT 7.2 Tz. 3 MaRisk.
66) Vgl. AT 8.2 Tz. 1 MaRisk.

Folgende Sachverhalte sind im Rahmen einer Revisionsprüfung des IT-Projektmanagements zu untersuchen:[67]

- Gibt es ein Projektmanagement für IT-Projekte?
- Gibt es einheitliche organisatorische Grundlagen für IT-Projekte?
- Welche Qualitätssicherungsmaßnahmen sind vorgegeben?
- Existiert ein praktikables Projekthandbuch für IT-Projekte?

Organisatorische Grundlagen berücksichtigen u. a.

- Einbindung betroffener Beteiligter (insbesondere des Informationssicherheitsbeauftragten),
- Projektdokumentation (z.B. Projektantrag, Projektabschlussbericht),
- quantitative und qualitative Ressourcenausstattung,
- Steuerung der Projektrisiken,
- Informationssicherheitsanforderungen,
- projektunabhängige Qualitätssicherungsmaßnahmen,
- Aufarbeitung der gewonnenen Erkenntnisse (Lessons Learned).

> 7.3
>
> IT-Projekte sind angemessen unter Berücksichtigung ihrer Ziele und Risiken im Hinblick auf die Dauer, Ressourcen und Qualität zu steuern. Hierfür sind Vorgehensmodelle festzulegen, deren Einhaltung zu überwachen ist.

Vorgehensmodelle bei IT-Projekten definieren einen standardisierten Projektablauf. Dazu wird der Projektablauf in unterschiedliche Phasen verlegt. Beispiele für Vorgehensmodelle in der Softwareentwicklung sind das V-Modell[68] und Scrum.[69]

Beispielsweise kann die Entscheidung über den Übergang zwischen den Projektphasen bzw. Projektabschnitten von eindeutigen Qualitätskriterien des jeweiligen Vorgehensmodells abhängen.[70]

> 7.4
>
> Das Portfolio der IT-Projekte ist angemessen zu überwachen und zu steuern. Dabei ist zu berücksichtigen, dass auch aus Abhängigkeiten verschiedener Projekte voneinander Risiken resultieren können.

67) Vgl. Erläuterungen zu 7.2 BAIT.
68) Vgl. Wikipedia Artikel „V-Modell“ (https://de.wikipedia.org/wiki/V-Modell).
69) Vgl. Wikipedia Artikel „Scrum“ (https://de.wikipedia.org/wiki/Scrum).
70) Vgl. Erläuterungen zu 7.3 BAIT.

Steuerung von IT-Projekten auf Portfolioebene

Die Portfoliosicht ermöglicht einen Überblick über die IT-Projekte mit den entsprechenden Projektdaten, Ressourcen, Risiken und Abhängigkeiten.[71] Dadurch können Abhängigkeiten zwischen verschiedenen Projekten und daraus resultierende Risiken frühzeitig erkannt werden.

Folgende Fragestellungen bieten sich im Rahmen einer Prüfung an:

- Wie werden IT-Projekte im Institut gesteuert?
- Wie werden Abhängigkeiten zwischen verschiedenen IT-Projekten berücksichtigt und daraus resultierende Risiken überwacht?
- Welche Projektrisiken gibt es und wie werden sie gesteuert?

> 7.5
>
> Über wesentliche IT-Projekte und IT-Projektrisiken wird der Geschäftsleitung regelmäßig und anlassbezogen berichtet. Wesentliche Projektrisiken sind im Risikomanagement zu berücksichtigen.

Hierbei hat sich in der Praxis der Lösungsansatz durchgesetzt, dass über die wesentlichen IT-Projekte und IT-Projektrisiken der Informationssicherheitsbeauftragte im Rahmen seines vierteljährlichen Reportings an die Geschäftsleitung berichtet. Intern sind dann die Informationsflüsse vom IT-Projektmanagement zum Informationssicherheitsbeauftragten zu regeln, falls dieser Lösungsansatz gewählt wird.

Für Prüfungen durch die Interne Revision ergeben sich beispielsweise folgende Fragestellungen:

- Wer berichtet der Geschäftsleitung über wesentliche IT-Projekte und IT-Projektrisiken?
- In welchem Turnus wird der Geschäftsleitung berichtet?
- Welche Inhalte werden vermittelt?
- Wie werden Projektrisiken im Risikomanagement berücksichtigt?

In den Abschnitten 7.6 bis 7.7 der BAIT wird das Thema Anwendungsentwicklung betrachtet.

71) Vgl. Erläuterungen zu 7.4 BAIT.

7.6

Für die Anwendungsentwicklung sind angemessene Prozesse festzulegen, die Vorgaben zur Anforderungsermittlung, zum Entwicklungsziel, zur (technischen) Umsetzung (einschließlich Programmierrichtlinien), zur Qualitätssicherung sowie zu Test, Abnahme und Freigabe enthalten.

Anwendungsentwicklung

Anwendungsentwicklung umfasst u.a. die Erstellung von Software für Geschäfts- und Unterstützungsprozesse (einschließlich individueller Datenverarbeitung, IDV). Die Ausgestaltung der Prozesse erfolgt risikoorientiert.[72]

7.7

Anforderungen an die Funktionalität der Anwendung müssen ebenso erhoben, bewertet, dokumentiert und genehmigt werden wie nichtfunktionale Anforderungen. Zu jeder Anforderung sind entsprechende Akzeptanz- und Testkriterien zu definieren. Die Verantwortung für die Erhebung, Bewertung und Genehmigung der fachlichen Anforderungen (funktional und nicht funktional) haben die fachlich verantwortlichen Stellen zu tragen.

Anforderungsdokumente können sich nach Vorgehensmodell unterscheiden und beinhalten beispielsweise:[73]

- Fachkonzept (Lastenheft),
- Technisches Fachkonzept (Pflichtenheft),
- User-Story/Product Back-Log.

Nichtfunktionale Anforderungen an IT-Systeme sind beispielsweise:[74]

- Anforderungen an die Informationssicherheit,
- Zugriffsregelungen,
- Ergonomie,
- Wartbarkeit,
- Antwortzeiten,
- Resilienz.

72) Vgl. Erläuterungen zu 7.6 BAIT.
73) Vgl. Erläuterungen zu 7.7 BAIT.
74) Vgl. Erläuterungen zu 7.7 BAIT.

User Stories und Product Backlog

Die Begriffe User Stories und Product Backlog stammen aus der agilen Softwareentwicklung, insbesondere aus Scrum. User Stories beschreiben die Anforderungen aus Sicht eines Benutzers. In User Stories wird beschrieben, welche Eigenschaften und Komponenten ein Benutzer vom Produkt erwartet. Product Backlogs sind dagegen detaillierte Anforderungslisten, die ständig weiterentwickelt werden. Die Anforderungen basieren dabei auf den User Stories und werden im Product Backlog konkretisiert.

> 7.8
>
> Im Rahmen der Anwendungsentwicklung sind je nach Schutzbedarf angemessene Vorkehrungen zu treffen, dass auch nach jeder Produktivsetzung einer Anwendung die Vertraulichkeit, Integrität, Verfügbarkeit und Authentizität der zu verarbeitenden Daten nachvollziehbar sichergestellt werden.

Schutzziele

Zu den Schutzzielen Integrität, Verfügbarkeit, Vertraulichkeit und Authentizität und der Einteilung in Schutzbedarfskategorien sei auf Kapitel 3. *Informationsrisikomanagement der BAIT* verwiesen.

Geeignete Vorkehrungen sind z. B.:[75]

- Prüfung der Eingabedaten,
- Systemzugangskontrolle,
- Benutzerauthentifizierung,
- Transaktionsautorisierung,
- Protokollierung der Systemaktivität,
- Prüfpfade (Audit Logs),
- Verfolgung von sicherheitsrelevanten Ereignissen,
- Behandlung von Ausnahmen.

> 7.9
>
> Die Integrität der Anwendung (insbesondere des Quellcodes) ist angemessen sicherzustellen. Zudem müssen u. a. Vorkehrungen getroffen werden, die erkennen lassen, ob eine Anwendung versehentlich geändert oder absichtlich manipuliert wurde.

75) Vgl. Erläuterungen zu 7.8 BAIT.

Eine geeignete Vorkehrung unter Berücksichtigung des Schutzbedarfs kann die Überprüfung des Quellcodes sein. Die Überprüfung des Quellcodes ist eine methodische Untersuchung zur Identifizierung von Risiken.[76]

Eine weitere Vorkehrungsmaßnahme ist die Verwendung von Versionsverwaltungssystemen wie z.B. SVN oder Git. Durch Versionsverwaltungssysteme werden Änderungen an Dateien (z.B. Quellcode-Dateien) protokolliert. Damit können Änderungen nachverfolgt und frühere Zustände wiederhergestellt werden.

7.10 Die Anwendung sowie deren Entwicklung sind übersichtlich und für sachkundige Dritte nachvollziehbar zu dokumentieren.

Dokumentation der Anwendung

Die Dokumentation der Anwendung umfasst mindestens folgende Inhalte:[77]

- Anwenderdokumentation,
- technische Systemdokumentation,
- Betriebsdokumentation.

Zur Nachvollziehbarkeit der Anwendungsentwicklung trägt beispielsweise eine Versionierung des Quellcodes und der Anforderungsdokumente bei.[78]

Versionierung des Quellcodes

In der Erläuterung zu 7.10 wird zur Sicherstellung der Nachvollziehbarkeit eine Versionierung des Quellcodes und der Anforderungsdokumente empfohlen. Auch dafür bietet sich der Einsatz eines Versionsverwaltungssystems an.

In 7.11 werden konkrete Anforderungen an Testverfahren aufgeführt. Verantwortlich für die fachlichen Abnahmetests sind die zuständigen Fachbereiche. Hierbei ist es wichtig, dass es einheitliche Testmethoden und Qualitätsanforderungen im Institut gibt.

Bei der Durchführung von Testhandlungen ist darauf zu achten, dass die Tester eine einschlägige Expertise besitzen und dass eine angemessen ausgestaltete Unabhängigkeit gegenüber den Anwendungsentwicklern gegeben ist.[79]

76) Vgl. Erläuterungen zu 7.9 BAIT.
77) Vgl. Erläuterungen zu 7.10 BAIT.
78) Vgl. Erläuterungen zu 7.10 BAIT.
79) Vgl. Erläuterungen zu 7.11 BAIT.

> 7.11
>
> Es ist eine Methodik für das Testen von Anwendungen vor ihrem erstmaligen Einsatz und nach wesentlichen Änderungen zu definieren und einzuführen. Die Tests haben in ihrem Umfang die Funktionalität der Anwendung, die implementierten Maßnahmen zum Schutz der Informationen und bei Relevanz die Systemleistung unter verschiedenen Stressbelastungsszenarien einzubeziehen. Die fachlich zuständigen Stellen haben die Durchführung von Abnahmetests zu verantworten. Testumgebungen zur Durchführung der Abnahmetests haben in für den Test wesentlichen Aspekten der Produktionsumgebung zu entsprechen. Testaktivitäten und Testergebnisse sind zu dokumentieren.

Testdurchführung

Die Testdurchführung erfordert einschlägige Expertise der Tester sowie eine angemessen ausgestaltete Unabhängigkeit von den Anwendungsentwicklern. Der Schutzbedarf der zum Test verwendeten Daten ist zu berücksichtigen. Eine Testdokumentation enthält mindestens folgende Punkte:[80]

- Testfallbeschreibung,
- Dokumentation der zugrunde gelegten Parametrisierung des Testfalls,
- Testdaten,
- erwartetes Testergebnis,
- erzieltes Testergebnis,
- aus den Tests abgeleiteten Maßnahmen.

Risikoorientiert schließen die Maßnahmen zum Schutz der Informationen auch Penetrationstests ein.[81]

> 7.12
>
> Nach Produktivsetzung der Anwendung sind mögliche Abweichungen vom Regelbetrieb zu überwachen, deren Ursachen zu untersuchen und ggf. Maßnahmen zur Nachbesserung zu veranlassen.

Hinweise auf erhebliche Mängel können z.B. Häufungen von Abweichungen vom Regelbetrieb sein.[82] Diese können technisch über SIEM-Lösungen erfasst und ausgewertet werden. Dabei können auch mögliche Hinweise auf Informationssicherheitslücken ermittelt werden.

80) Vgl. Erläuterungen zu 7.11 BAIT.
81) Vgl. Erläuterungen zu 7.11 BAIT.
82) Vgl. Erläuterungen zu 7.12 BAIT.

7.13

Ein angemessenes Verfahren für die Klassifizierung/Kategorisierung (Schutzbedarfsklasse) und den Umgang mit den von Mitarbeitern des Fachbereichs entwickelten oder betriebenen Anwendungen ist festzulegen (Individuelle Datenverarbeitung – IDV).

Programmierrichtlinien

Die Einhaltung von Programmierrichtlinien wird auch für die entwickelten IDV-Anwendungen sichergestellt. Jede Anwendung wird einer Schutzbedarfsklasse zugeordnet. Übersteigt der ermittelte Schutzbedarf die technische Schutzmöglichkeit einer Anwendung, werden Schutzmaßnahmen in Abhängigkeit der Ergebnisse der Schutzbedarfsklassifizierung ergriffen.[83]

Auch bei Anwendungen, die von Endbenutzern in den Fachabteilungen entwickelt worden sind, ist die Einhaltung von Programmierstandards sicherzustellen.[84]

IDV-Anwendungen

Die IDV-Anwendungen müssen nach ihrem Schutzbedarf klassifiziert werden. Dazu sind institutsweite Vorgaben und Verfahren festzulegen.

Übersteigt der ermittelte Schutzbedarf die technische Schutzmöglichkeit dieser Anwendungen, müssen Schutzmaßnahmen in Abhängigkeit der Ergebnisse der Schutzbedarfsklassifizierung ergriffen werden. In Revisionsprüfungen sollte dabei auch untersucht werden, welche zusätzlichen Schutzmaßnahmen in diesen Fällen zur Verfügung stehen, und ob diese ausreichend sind, um die Schutzbedarfsziele zu erreichen.

7.14

Die Vorgaben zur Identifizierung aller von Mitarbeitern des Fachbereichs entwickelten oder betriebenen Anwendungen, zur Dokumentation, zu den Programmierrichtlinien und zur Methodik des Testens, zur Schutzbedarfsfeststellung und zum Rezertifizierungsprozess der Berechtigungen sind zu regeln (z.B. in einer IDV-Richtlinie).

83) Vgl. Erläuterungen zu 7.13 BAIT.

84) Vgl. Erläuterungen zu 7.13 BAIT.

Zentrales Register der Anwendungen

In den Erläuterungen zu 7.14 wird die Forderung nach einem zentralen Register an von Endbenutzern des Fachbereichs entwickelten oder betriebenen Anwendungen gestellt. Für einen Überblick und zur Vermeidung von Redundanzen wird ein zentrales Register für Anwendungen geführt. Dieses Register sollte mindestens folgende Informationen enthalten:[85]

- Name und Zweck der Anwendung,
- Versionierung, Datumsangabe,
- Fremd- oder Eigenentwicklung,
- Fachverantwortliche(r) Mitarbeiter,
- Technisch verantwortliche(r) Mitarbeiter,
- Technologie,
- Ergebnis der Risikoklassifizierung/Schutzbedarfseinstufung und ggf. die daraus abgeleiteten Schutzmaßnahmen.

Bei Prüfungen der Internen Revision in Fachbereichen sollte das Thema IDV ebenfalls immer ein fester Bestandteil sein. Dabei sind die wesentlichen IDV-Anwendungen im Fachbereich zu identifizieren und deren Risikoeinstufung kritisch zu hinterfragen. Die Einstufung muss dabei für den Prüfer nachvollziehbar sein. Bei diesen Prüfungen sollten sowohl die fachlichen Aspekte der IDV-Anwendungen als auch die Umsetzung der institutsweiten Anforderungen an IDV-Anwendungen betrachtet werden.

Zur IT-Anwendungsentwicklung hatte die Bankenaufsicht folgende Feststellungen getroffen:[86]

- Für die im Rahmen des Anwendungsentwicklungsprozesses zu erstellenden Fach- und DV-Konzepte hat das Institut keinerlei Mindeststandards definiert.
- Das Kontrollsystem war unvollständig; es wurden keine manuellen Code Reviews durchgeführt.

Im Hinblick auf den Bereich der individuellen Datenverarbeitung (IDV) hat die Bankenaufsicht im Rahmen ihrer Prüfungen folgende Feststellungen getroffen:[87]

- Es fehlten Kontrollen zur Sicherstellung der vollständigen Erfassung und Verwaltung der IDV.

85) Vgl. Erläuterungen zu 7.14 BAIT.

86) Vgl. Zunker, T., Erfahrungsbericht: Bankaufsichtliche IT-Prüfungen, in: Revisions-Praktiker 12 – 01/2018, Heidelberg 2018, S. 232.

87) Vgl. ebenda.

- Die Rechenlogik einzelner IDV war nicht ausreichend gegen Veränderungen geschützt (fehlender Zugriffs-/Schreibschutz).
- Die Quelldaten von IDV-Anwendungen wurden auf unsicheren Wegen aus den bestandsführenden Anwendungen exportiert.

Tabelle 15 enthält die Checkliste zu IT-Projekten und zur Anwendungsentwicklung.

Nr.	Revisionsseitige Fragestellungen	Erfüllt
1	Ist sichergestellt, dass wesentliche Veränderungen in den IT-Systemen im Rahmen von IT-Projekten, deren Auswirkung auf die IT-Aufbau- und IT-Ablauforganisation sowie die dazugehörigen IT-Prozesse im Rahmen einer Auswirkungsanalyse bewertet werden?	
2	Wurden im Hinblick auf den erstmaligen Einsatz sowie wesentliche Veränderungen von IT-Systemen die Anforderungen des AT 7.2 erfüllt?	
3	Hat das Institut die organisatorischen Grundlagen für IT-Projekte und die Kriterien für deren Anwendung geregelt?	
4	Wurden bei den organisatorischen Grundlagen folgende Punkte berücksichtigt: • Einbindung betroffener Beteiligter (insbesondere des Informationssicherheitsbeauftragten), • Projektdokumentation (z.B. Projektantrag, Projektabschlussbericht), • quantitative und qualitative Ressourcenausstattung, • Steuerung der Projektrisiken, • Informationssicherheitsanforderungen, • projektunabhängige Qualitätssicherungsmaßnahmen, • Aufarbeitung der gewonnenen Erkenntnisse (Lessons Learned)?	
5	Werden die IT-Projekte angemessen unter Berücksichtigung ihrer Ziele und Risiken im Hinblick auf die Dauer, Ressourcen und Qualität gesteuert? Hierfür sind Vorgehensmodelle festzulegen und deren Einhaltung zu überwachen.	

Nr.	Revisionsseitige Fragestellungen	Erfüllt
6	Ist die Entscheidung über den Übergang zwischen den einzelnen Projektphasen bzw. Projektabschnitten an eindeutige Qualitätskriterien des jeweiligen Vorgehensmodells gekoppelt?	
7	Wird das Portfolio der IT-Projekte angemessen überwacht und gesteuert?	
8	Wird dabei berücksichtigt, dass auch aus Abhängigkeiten verschiedener Projekte voneinander Risiken resultieren können?	
9	Ermöglicht die Portfoliosicht einen Überblick über die IT-Projekte mit den entsprechenden Projektdaten, Ressourcen, Risiken und Abhängigkeiten?	
10	Wird über wesentliche IT-Projekte und IT-Projektrisiken der Geschäftsleitung regelmäßig und anlassbezogen Bericht erstattet?	
11	Ist gewährleistet, dass wesentliche Projektrisiken im Risikomanagement berücksichtigt wurden?	
12	Wurden für die Anwendungsentwicklung angemessene Prozesse festgelegt, die die Vorgaben zur Anforderungsermittlung, zum Entwicklungsziel, zur (technischen) Umsetzung (einschließlich Programmierrichtlinien), zur Qualitätssicherung sowie zu Test, Abnahme und Freigabe enthalten?	
13	Umfasst die Anwendungsentwicklung u.a. die Erstellung von Software für Geschäfts- und Unterstützungsprozesse (einschließlich individueller Datenverarbeitung, IDV)?	
14	Erfolgt die Ausgestaltung der Prozesse risikoorientiert?	
15	Werden die Anforderungen an die Funktionalität der Anwendung ebenso erhoben, bewertet, dokumentiert und genehmigt wie bei nichtfunktionalen Anforderungen?	
16	Sind zu jeder Anforderung entsprechende Akzeptanz- und Testkriterien definiert worden?	

Nr.	Revisionsseitige Fragestellungen	Erfüllt
17	Wurde die Verantwortung für die Erhebung, Bewertung und Genehmigung der fachlichen Anforderungen (funktional und nicht funktional) auf die fachlich verantwortlichen Stellen übertragen?	
18	Sind die Anforderungsdokumente, die sich nach dem jeweiligen Vorgehensmodell unterscheiden können, wie folgt ausgestaltet: • Fachkonzept (Lastenheft), • Technisches Fachkonzept (Pflichtenheft), • User Story/Product Back-Log?	
19	Sind die nichtfunktionalen Anforderungen an IT-Systeme beispielsweise wie folgt ausgestaltet: • Anforderungen an die Informationssicherheit, • Zugriffsregelungen, • Ergonomie, • Wartbarkeit, • Antwortzeiten, • Resilienz?	
20	Wurden im Rahmen der Anwendungsentwicklung je nach Schutzbedarf angemessene Vorkehrungen getroffen, dass auch nach jeder Produktivsetzung einer Anwendung die Vertraulichkeit, Integrität, Verfügbarkeit und Authentizität der zu verarbeitenden Daten nachvollziehbar sichergestellt werden?	
21	Hat das Institut hierfür geeignete Vorkehrungen getroffen, wie • Prüfung der Eingabedaten, • Systemzugangskontrolle, • Benutzerauthentifizierung, • Transaktionsautorisierung, • Protokollierung der Systemaktivität, • Prüfpfade (Audit Logs), • Verfolgung von sicherheitsrelevanten Ereignissen, • Behandlung von Ausnahmen?	
22	Wurde die Integrität der Anwendung (insbesondere des Quellcodes) angemessen sichergestellt?	

Nr.	Revisionsseitige Fragestellungen	Erfüllt
23	Hat das Institut zudem Vorkehrungen getroffen, die erkennen lassen, ob eine Anwendung versehentlich geändert oder absichtlich manipuliert wurde?	
24	Wurde mit der Überprüfung des Quellcodes eine geeignete Vorkehrung unter Berücksichtigung des Schutzbedarfs eingerichtet?	
25	Hat das Institut mit der Überprüfung des Quellcodes eine methodische Untersuchung zur Identifizierung von Risiken implementiert?	
26	Wurde die Anwendung sowie deren Entwicklung übersichtlich und für sachkundige Dritte nachvollziehbar dokumentiert?	
27	Enthält die Dokumentation der Anwendung mindestens folgende Inhalte: • Anwenderhandbuch, • Technische Systemdokumentation, • Betriebsdokumentation?	
28	Verfügt das Institut zur Nachvollziehbarkeit der Anwendungsentwicklung beispielsweise über eine Versionierung des Quellcodes und der entsprechenden Anforderungsdokumente?	
29	Wurde eine Methodik für das Testen von Anwendungen vor ihrem erstmaligen Einsatz und nach wesentlichen Änderungen definiert und eingeführt?	
30	Hat das Institut die Tests in ihrem Umfang und entsprechend der Funktionalität der Anwendung, der implementierten Maßnahmen zum Schutz der Informationen und der Systemleistung unter verschiedenen Stressbelastungsszenarien einbezogen?	
31	Verantworten die fachlich zuständigen Stellen die Durchführung von Abnahmetests?	
32	Wurden Testumgebungen zur Durchführung der Abnahmetests in für den Test wesentlichen Aspekten der Produktionsumgebung ausgestaltet?	
33	Hat das Institut die Testaktivitäten und Testergebnisse angemessen dokumentiert?	

Nr.	Revisionsseitige Fragestellungen	Erfüllt
34	Ist sichergestellt, dass die Testdurchführung mit einschlägiger Expertise der Tester sowie einer angemessen ausgestalteten Unabhängigkeit von den Anwendungsentwicklern durchgeführt wird?	
35	Wurde hierbei der Schutzbedarf der zum Test verwendeten Daten berücksichtigt?	
36	Enthält die Testdokumentation mindestens folgende Punkte: • Testfallbeschreibung, • Dokumentation der zugrunde gelegten Parametrisierung des Testfalls, • Testdaten, • erwartetes Testergebnis, • erzieltes Testergebnis, • aus den Tests abgeleiteten Maßnahmen?	
37	Wurden risikoorientiert Maßnahmen zum Schutz der Informationen – wie Penetrationstests – einbezogen?	
38	Ist gewährleistet, dass nach Produktivsetzung der Anwendung mögliche Abweichungen vom Regelbetrieb überwacht, deren Ursachen untersucht und ggf. Maßnahmen zur Nachbesserung veranlasst werden?	
39	Werden hierbei auch Hinweise auf erhebliche Mängel, wie z.B. Häufungen von Abweichungen vom Regelbetrieb, erfasst?	
40	Hat das Institut ein angemessenes Verfahren für die Klassifizierung/Kategorisierung (Schutzbedarfsklasse) und den Umgang mit den von Mitarbeitern des Fachbereichs entwickelten oder betriebenen Anwendungen festgelegt (Individuelle Datenverarbeitung, IDV)?	
41	Wird die Einhaltung von Programmierrichtlinien auch für die entwickelten IDV-Anwendungen sichergestellt?	
42	Wurde jede Anwendung einer entsprechenden Schutzbedarfsklasse zugeordnet?	

Nr.	Revisionsseitige Fragestellungen	Erfüllt
43	Ist beim Übersteigen des ermittelten Schutzbedarfs über die technische Schutzmöglichkeit der betreffenden Anwendung sichergestellt, dass adäquate Schutzmaßnahmen in Abhängigkeit der Ergebnisse der Schutzbedarfsklassifizierung ergriffen werden?	
44	Hat das Institut Vorgaben zur Identifizierung aller von Mitarbeitern des Fachbereichs entwickelten oder betriebenen Anwendungen, zur Dokumentation, zu den Programmierrichtlinien und zur Methodik des Testens, zur Schutzbedarfsfeststellung und zum Rezertifizierungsprozess der Berechtigungen geregelt (z.B. in einer IDV-Richtlinie)?	
45	Hat das Institut für den ganzheitlichen Überblick und zur Vermeidung von Redundanzen ein zentrales Register für Anwendungen erstellt, dass mindestens folgende Informationen erhebt: • Name und Zweck der Anwendung, • Versionierung, Datumsangabe, • Fremd- oder Eigenentwicklung, • Fachverantwortliche(r) Mitarbeiter, • Technisch verantwortliche(r) Mitarbeiter, • Technologie, • Ergebnis der Risikoklassifizierung/Schutzbedarfseinstufung und ggf. die daraus abgeleiteten Schutzmaßnahmen?	

Tabelle 13: Checkliste IT-Projekte, Anwendungsentwicklung

8. IT-Betrieb

In diesem Kapitel werden die Anforderungen aus den MaRisk und BAIT an den IT-Betrieb betrachtet. Die BAIT liefert dabei konkrete Anforderungen für folgende Punkte des Themenkomplexes IT-Betrieb:

- Steuerung des Portfolios aus IT-Systemen,
- Change-Management,
- Incident-Management,
- Datensicherung.

> 8.1
>
> Der IT-Betrieb hat die Anforderungen, die sich aus der Umsetzung der Geschäftsstrategie sowie aus den IT-unterstützten Geschäftsprozessen ergeben, zu erfüllen (vgl. AT 7.2 Tz. 1 und Tz. 2 MaRisk).

Gemäß AT 7.2 Tz. 1 MaRisk muss sich der Umfang und die Qualität der technisch-organisatorischen Ausstattung an den betriebsinternen Erfordernissen, den Geschäftsaktivitäten sowie der Risikosituation orientieren.

In AT 7.2 Tz. 2 MaRisk wird bei der Ausgestaltung von IT-Systemen und IT-Prozessen auf die Verwendung gängiger Standards verwiesen. Für IT-Prozesse und den IT-Betrieb ist ITIL[88] ein solcher Standard.

> 8.2
>
> Die Komponenten der IT-Systeme und deren Beziehungen zueinander sind in geeigneter Weise zu verwalten, und die hierzu erfassten Bestandsangaben regelmäßig sowie anlassbezogen zu aktualisieren.

Für die Verwaltung von IT-Systemen empfiehlt sich die Verwendung einer Configuration Management Database (CMDB)[89]. Ziel einer CMDB ist es, alle relevanten Informationen zu einem Objekt bzw. einer Komponente eines IT-Systems in einem Tool vorzuhalten. Eine CMDB dient neben der eigentlichen Inventarisierung von Komponenten auch zur Unterstützung von Service-Prozessen in Bezug auf die IT-Systeme. Für den IT-Standard ITIL dient die CMDB als zentrale Datenbasis des gesamten IT-Servicemanagements.

88) ITIL ist die „IT-Infrastructure Library" von AXELOS (https://www.axelos.com/best-practice-solutions/itil).

89) Vgl. Wikipedia-Artikel „Configuration Management Database" (https://de.wikipedia.org/wiki/Configuration_Management_Database).

In der Erläuterung zu 8.1 wird weiter konkretisiert, welche Bestandsangaben zwingend zu erfassen und regelmäßig sowie anlassbezogen zu überprüfen und zu aktualisieren sind:[90]

- Bestand und Verwendungszweck der Komponenten der IT-Systeme mit den relevanten Konfigurationsangaben (z.B. Versionen und Patchlevel),
- Eigentümer der IT-Systeme und deren Komponenten,
- Standort der Komponenten der IT-Systeme,
- Aufstellung der relevanten Angaben zu Gewährleistungen und sonstigen Supportverträgen (ggf. Verlinkung),
- Angaben zum Ablaufdatum des Supportzeitraums der Komponenten der IT-Systeme,
- Schutzbedarf der IT-Systeme und deren Komponenten,
- akzeptierter Zeitraum der Nichtverfügbarkeit der IT-Systeme sowie der maximal tolerierbare Datenverlust.

Zum akzeptierten Zeitraum der Nichtverfügbarkeit der IT-Systeme sowie zum maximal tolerierbaren Datenverlust sei auf die Schutzbedarfsziele verwiesen.

> 8.3
>
> Das Portfolio aus IT-Systemen bedarf der Steuerung. IT-Systeme sollten regelmäßig aktualisiert werden. Risiken aus veralteten bzw. nicht mehr vom Hersteller unterstützten IT-Systemen sind zu steuern (Lebenszyklus-Management).

Steuerung des IT-Portfolios

Bei der Steuerung des IT-Portfolios ist beispielsweise zu berücksichtigen, dass bei älteren Systemen eine erhöhte Gefahr von Systemausfällen und Datenverlust besteht. Außerdem kann es beim Ablauf des Supportzeitraums zu erhöhten Sicherheitsrisiken kommen. Darüber hinaus ist zu berücksichtigen, dass es mit neueren IT-Systemen ggf. zu einer Effizienzsteigerung bei den Geschäftsprozessen und damit zu einem höheren Nutzen kommen kann. Eine angemessene Portfoliosteuerung der IT-Systeme muss alle diese Aspekte betrachten und damit auch konsistent zur Geschäftsstrategie und IT-Strategie sein.

90) Vgl. Erläuterungen zu 8.2 BAIT.

> 8.4
>
> Die Prozesse zur Änderung von IT-Systemen sind abhängig von Art, Umfang, Komplexität und Risikogehalt auszugestalten und umzusetzen. Dies gilt auch für Neu- bzw. Ersatzbeschaffungen von IT-Systemen sowie für sicherheitsrelevante Nachbesserungen (Sicherheitspatches).

In der Erläuterung zur 8.4 werden folgende Beispiele für Änderungen genannt:[91]

- Funktionserweiterungen oder Fehlerbehebungen von Softwarekomponenten,
- Datenmigrationen,
- Änderungen an Konfigurationseinstellungen von IT-Systemen,
- Austausch von Hardwarekomponenten (Server, Router etc.),
- Einsatz neuer Hardwarekomponenten,
- Umzug der IT-Systeme zu einem anderen Standort.

Change-Management

Change-Management ist ein Themenkomplex aus der ITIL und hat das Ziel, standardisierte Methoden und Verfahren zur Durchführung von Änderungen an IT-Systemen zu definieren. Change-Management-Prozesse sollten für alle Arten von Änderungen verwendet werden, unabhängig davon, ob es sich nur um eine kleine Anpassung, eine zeitkritische Änderung oder eine große Funktionserweiterung handelt. Die Change-Management-Prozesse sollten dabei aber in unterschiedlicher Tiefe, abhängig von Art, Umfang, Komplexität und Risikogehalt der Änderung, durchlaufen werden.

> 8.5
>
> Änderungen von IT-Systemen sind in geordneter Art und Weise aufzunehmen, zu dokumentieren, unter Berücksichtigung möglicher Umsetzungsrisiken zu bewerten, zu priorisieren, zu genehmigen sowie koordiniert und sicher umzusetzen. Auch für zeitkritische Änderungen von IT-Systemen sind geeignete Prozesse einzurichten.

91) Vgl. Erläuterungen zu 8.4 BAIT.

Change-Management-Prozesse

Die Change-Management-Prozesse beinhalten die Erfassung, Dokumentation, Risikoanalyse, Genehmigung und Überwachung der Änderungen und stellen so eine effiziente und risikoarme Umsetzung sicher. Die Informationsgrundlage für das Change-Management ist die CMDB.

In den Erläuterungen zu 8.5 werden einige Handlungsempfehlungen für eine sichere Umsetzung von Änderungen gegeben. Der sicheren Umsetzung der Änderungen in den produktiven Betrieb dienen beispielsweise:

- Risikoanalyse in Bezug auf die bestehenden IT-Systeme (insbesondere auch das Netzwerk und die vor- und nachgelagerten IT-Systeme), auch im Hinblick auf mögliche Sicherheits- oder Kompatibilitätsprobleme, als Bestandteil der Änderungsanforderung,
- Tests von Änderungen vor Produktivsetzung auf mögliche Inkompatibilitäten der Änderungen sowie mögliche sicherheitskritische Aspekte bei bestehenden IT-Systemen,
- Tests von Patches vor Produktivsetzung unter Berücksichtigung ihrer Kritikalität,
- Datensicherungen der betroffenen IT-Systeme,
- Rückabwicklungspläne, um eine frühere Version des IT-Systems wiederherstellen zu können, wenn während oder nach der Produktivsetzung ein Problem auftritt,
- alternative Wiederherstellungsoptionen, um dem Fehlschlagen primärer Rückabwicklungspläne begegnen zu können.

Risikoarme Konfigurationsänderungen / Parametereinstellungen

Für risikoarme Konfigurationsänderungen/Parametereinstellungen (z.B. Änderungen am Layout von Anwendungen, Austausch von defekten Hardwarekomponenten, Zuschaltung von Prozessoren) können abweichende prozessuale Vorgaben/Kontrollen definiert werden (wie Vier-Augen-Prinzip, Dokumentation der Änderungen oder der nachgelagerten Kontrolle).[92]

In 8.6 der BAIT werden die Anforderungen an das Incident-Management (Störungsmanagement) konkretisiert.

Gemäß den Erläuterungen zu 8.6 BAIT kann die Identifikation der Risiken anhand des Aufzeigens der Verletzung der Schutzziele erfolgen.

92) Vgl. Erläuterungen zu 8.5 BAIT.

> 8.6
>
> Die Meldungen über ungeplante Abweichungen vom Regelbetrieb (Störungen) und deren Ursachen sind in geeigneter Weise zu erfassen, zu bewerten, insbesondere hinsichtlich möglicherweise resultierender Risiken zu priorisieren und entsprechend festgelegter Kriterien zu eskalieren. Hierzu sind Standardvorgehensweisen z.B. für Maßnahmen und Kommunikation sowie Zuständigkeiten (z.B. für Informationssicherheitsvorfälle, Fehlfunktionen) zu definieren. Bearbeitung, Ursachenanalyse und Lösungsfindung inkl. Nachverfolgung sind zu dokumentieren. Ein geordneter Prozess zur Analyse möglicher Korrelationen von Störungen und deren Ursachen muss vorhanden sein. Der Bearbeitungsstand offener Meldungen über Störungen, wie auch die Angemessenheit der Bewertung und Priorisierung, ist zu überwachen und zu steuern. Das Institut hat geeignete Kriterien für die Information der Beteiligten (z.B. Geschäftsleitung, zuständige Aufsichtsbehörde) über Störungen festzulegen.

Identifikation der IT-Risiken

Die Identifikation der IT-Risiken kann beispielsweise anhand des Aufzeigens der Verletzung der Schutzziele erfolgen. Die Ursachenanalyse erfolgt auch dann, wenn mehrere IT-Systeme zur Störungs- und Ursachenerfassung sowie -bearbeitung eingesetzt werden. Hier können standardisierte Incident- und Problemmanagement-Lösungen eingesetzt werden.[93]

Prüfung des Störungsmanagements

Bei Prüfungen des Störungsmanagements sollten bei der Bestandsaufnahme folgende Aspekte untersucht werden:

- Wie werden Störungsmeldungen bearbeitet (z.B. Service Desk und Ticketsystem)?
- Nach welchen Kriterien werden Störungen priorisiert?
- Wie werden die Risiken aus Störungen bewertet?
- Nach welchen Kriterien werden Störungen eskaliert?
- In welchen Systemen findet die Dokumentation der Bearbeitung von Störungen statt?
- Wie werden mögliche Korrelationen von Störungen und deren Ursache untersucht?

93) Vgl. Erläuterungen zu 8.6 BAIT.

- Wie wird der Bearbeitungsstand offener Störungsmeldungen überwacht und gesteuert?
- Wann wird die Geschäftsleitung über Störungen informiert?
- Gibt es einen klaren Prozess zur Erkennung von Informationssicherheitsvorfällen?
- Wird hierbei der Informationssicherheitsbeauftragte mit eingebunden?
- Werden hieraus die erforderlichen Berichtsflüsse abgeleitet?

Die Anforderungen zum Thema Datensicherung werden in 8.7 BAIT konkretisiert.

> 8.7
>
> Die Vorgaben für die Verfahren zur Datensicherung (ohne Datenarchivierung) sind schriftlich in einem Datensicherungskonzept zu regeln. Die im Datensicherungskonzept dargestellten Anforderungen an die Verfügbarkeit, Lesbarkeit und Aktualität der Kunden- und Geschäftsdaten sowie an die für deren Verarbeitung notwendigen IT-Systeme sind aus den Anforderungen der Geschäftsprozesse und den Geschäftsfortführungsplänen abzuleiten. Die Verfahren zur Wiederherstellbarkeit im erforderlichen Zeitraum und zur Lesbarkeit von Datensicherungen sind regelmäßig, mindestens jährlich, im Rahmen einer Stichprobe sowie anlassbezogen zu testen.

Datensicherungen

In den Erläuterungen zu 8.7 wird darauf hingewiesen, dass sich die Anforderungen an die Ausgestaltung und Lagerung der Datensicherungen sowie an die durchzuführenden Tests aus diesbezüglichen Risikoanalysen ergeben. Hinsichtlich der Standorte für die Lagerung der Datensicherungen können eine oder mehrere weitere Lokationen erforderlich sein.[94] Hierbei ist aus der Prüfungspraxis auch zu hinterfragen, ob die Lagerorte auch für eine adäquate und dauerhaft sichere Datenlagerung geeignet sind. Für die Nutzung von Datensicherung in Form von Cloudlösungen ist auf das Merkblatt der BaFin sowie die Hinweise der Bankenaufsicht zur ESMA (European Securities and Markets Authority) verwiesen.

94) Vgl. Erläuterungen zu 8.7 BAIT.

Cloud-Anbieter

Die ESMA will mit ihren Leitlinien den betroffenen Firmen Hilfestellung geben, insbesondere bei der Ermittlung, dem Management und der Überwachung von Risiken im Zusammenhang mit Auslagerungen an Cloud-Anbieter.[95]

Die Leitlinien betreffen:

- die Risikoanalyse der Auslagerung und Due-Diligence-Prüfung,
- die Verfahren und internen Grundsätze zur Sicherstellung der Anforderungen an die Governance, Kontrolle und Dokumentation (z.B. Auslagerungsentscheidung, Wahl des Cloud-Anbieters, Überwachung ausgelagerter Tätigkeiten),
- die wesentlichen Bestandteile der vertraglichen Auslagerungsvereinbarung an Cloud-Anbieter einschließlich der Ausstiegsstrategien,
- die Mitteilungspflichten an die zuständigen Behörden.

Weiterhin sollen die Leitlinien dazu beitragen, dass die zuständigen Behörden bei der Aufsicht über Auslagerungen an Cloud-Anbieter einheitlich vorgehen. Insoweit ergänzen die ESMA-Leitlinien die bestehenden Leitlinien der Europäischen Bankenaufsichtsbehörde EBA zu Auslagerungsvereinbarungen und der Europäischen Versicherungsaufsichtsbehörde EIOPA zu Auslagerungen an Cloud-Anbieter.[96]

Auslagerungsvereinbarung mit Cloud-Anbietern

Die BaFin weist darauf hin, dass die Definition der „Auslagerungsvereinbarung mit Cloud-Anbietern“ gemäß Leitlinien auch Auslagerungen an eine Firma oder einen Dritten umfasst, die bzw. der kein Cloud-Anbieter ist, aber in erheblichem Maße auf einen Cloud-Anbieter zurückgreift, um eine Funktion wahrzunehmen, die das Unternehmen sonst selbst wahrnehmen würde.[97]

95) Vgl. BaFin – Aktuelles – „Auslagerung an Cloud-Anbieter: BaFin will ESMA-Leitlinien zur Auslagerung an Cloud-Anbieter anwenden“ vom 29.6.2021 (https://www.bafin.de/SharedDocs/Veroeffentlichungen/DE/Meldung/2021/meldung_2021_06_29_Anwendung_ESMA_Leitlinien.html).

96) Vgl. ebenda.

97) Vgl. ebenda.

Tabelle 16 enthält die Checkliste zum IT-Betrieb.

Nr.	Revisionsseitige Fragestellungen	Erfüllt
1	Werden die Anforderungen, die sich aus dem IT-Betrieb, insbesondere der Umsetzung der Geschäftsstrategie sowie aus den IT-unterstützten Geschäftsprozessen ergeben, erfüllt?	
2	Ist gewährleistet, dass die Komponenten der IT-Systeme und deren Beziehungen zueinander in geeigneter Weise verwaltet, und die hierzu erfassten Bestandsangaben regelmäßig sowie anlassbezogen aktualisiert werden?	
3	Führt das Institut folgende Bestandsangaben: • Bestand und Verwendungszweck der Komponenten der IT-Systeme mit den relevanten Konfigurationsangaben (z.B. Versionen und Patchlevel), • Eigentümer der IT-Systeme und deren Komponenten, • Standort der Komponenten der IT-Systeme, • Aufstellung der relevanten Angaben zu Gewährleistungen und sonstigen Supportverträgen (ggf. Verlinkung), • Angaben zum Ablaufdatum des Supportzeitraums der Komponenten der IT-Systeme, • Schutzbedarf der IT-Systeme und deren Komponenten, • Akzeptierter Zeitraum der Nichtverfügbarkeit der IT-Systeme sowie der maximal tolerierbare Datenverlust?	
4	Wird die notwendige Steuerung des Portfolios aus IT-Systemen sichergestellt?	
5	Ist gewährleitstet, dass die IT-Systeme regelmäßig aktualisiert werden?	
6	Werden dabei Risiken aus veralteten bzw. nicht mehr vom Hersteller unterstützten IT-Systemen berücksichtigt (Lebenszyklus-Management)?	
7	Hat das Institut die Prozesse zur Änderung von IT-Systemen abhängig von Art, Umfang, Komplexität und Risikogehalt ausgestaltet und umgesetzt?	
8	Wurde dies auch für Neu- bzw. Ersatzbeschaffungen von IT-Systemen sowie für sicherheitsrelevante Nachbesserungen (Sicherheitspatches) berücksichtigt?	

Nr.	Revisionsseitige Fragestellungen	Erfüllt
9	Enthalten die Änderungen von IT-Systemen auch die Wartung von IT-Systemen? Beispiele hierfür sind: • Funktionserweiterungen oder Fehlerbehebungen von Softwarekomponenten, • Datenmigrationen, • Änderungen an Konfigurationseinstellungen von IT-Systemen Austausch von Hardwarekomponenten (Server, Router etc.), • Einsatz neuer Hardwarekomponenten, • Umzug der IT-Systeme zu einem anderen Standort.	
10	Wurden die Änderungen von IT-Systemen in geordneter Art und Weise aufgenommen, dokumentiert, unter Berücksichtigung möglicher Umsetzungsrisiken bewertet, priorisiert, genehmigt sowie koordiniert und sicher umgesetzt?	
11	Hat das Institut auch für zeitkritische Änderungen von IT-Systemen geeignete Prozesse eingerichtet?	
12	Ist die sichere Umsetzung der Änderungen in den produktiven Betrieb gewährleistet? • Risikoanalyse in Bezug auf die bestehenden IT-Systeme (insbesondere auch das Netzwerk und die vor- und nachgelagerten IT-Systeme), auch im Hinblick auf mögliche Sicherheits- oder Kompatibilitätsprobleme, als Bestandteil der Änderungsanforderung, • Tests von Änderungen vor Produktivsetzung auf mögliche Inkompatibilitäten der Änderungen sowie mögliche sicherheitskritische Aspekte bei bestehenden IT-Systemen, • Tests von Patches vor Produktivsetzung unter Berücksichtigung ihrer Kritikalität, • Datensicherungen der betroffenen IT-Systeme, • Rückabwicklungspläne, um eine frühere Version des IT-Systems wiederherstellen zu können, wenn während oder nach der Produktivsetzung ein Problem auftritt, • alternative Wiederherstellungsoptionen, um dem Fehlschlagen primärer Rückabwicklungspläne begegnen zu können.	

Nr.	Revisionsseitige Fragestellungen	Erfüllt
13	Wurden für risikoarme Konfigurationsänderungen/Parametereinstellungen (z.B. Änderungen am Layout von Anwendungen, Austausch von defekten Hardwarekomponenten, Zuschaltung von Prozessoren) abweichende prozessuale Vorgaben/Kontrollen definiert (z.B. Vier-Augen-Prinzip, Dokumentation der Änderungen oder der nachgelagerten Kontrolle)?	
14	Erstellt das Institut Meldungen über ungeplante Abweichungen vom Regelbetrieb (Störungen) sowie deren Ursachen?	
15	Werden die Störungen in geeigneter Weise erfasst, bewertet, insbesondere hinsichtlich möglicherweise resultierender Risiken priorisiert und entsprechend festgelegter Kriterien eskaliert?	
16	Ist sichergestellt, dass hierzu Standardvorgehensweisen z.B. für Maßnahmen und Kommunikation sowie Zuständigkeiten (z.B. für Informationssicherheitsvorfälle, Fehlfunktionen) definiert und Bearbeitung, Ursachenanalyse und Lösungsfindung inkl. Nachverfolgung dokumentiert werden?	
17	Ist ein geordneter Prozess zur Analyse möglicher Korrelationen von Störungen und deren Ursachen vorhanden?	
18	Ist gewährleistet, dass der Bearbeitungsstand offener Meldungen über Störungen, wie auch die Angemessenheit der Bewertung und Priorisierung, überwacht und gesteuert wird?	
19	Hat das Institut geeignete Kriterien für die Information der Beteiligten (z.B. Geschäftsleitung, zuständige Aufsichtsbehörde) über Störungen festgelegt?	
20	Erfolgt die Identifikation der Risiken beispielsweise anhand des Aufzeigens der Verletzung der Schutzziele?	
21	Wird die Ursachenanalyse auch dann vorgenommen, wenn mehrere IT-Systeme zur Störungs- und Ursachenerfassung sowie -bearbeitung eingesetzt werden?	
22	Setzt das Institut hierbei standardisierte Incident- und Problemmanagement-Lösungen ein?	

Nr.	Revisionsseitige Fragestellungen	Erfüllt
23	Werden die Vorgaben für die Verfahren zur Datensicherung (ohne Datenarchivierung) schriftlich in einem Datensicherungskonzept geregelt?	
24	Hat das Institut die im Datensicherungskonzept dargestellten Anforderungen an die Verfügbarkeit, Lesbarkeit und Aktualität der Kunden- und Geschäftsdaten sowie an die für deren Verarbeitung notwendigen IT-Systeme aus den Anforderungen der Geschäftsprozesse und den Geschäftsfortführungsplänen abgeleitet?	
25	Wurden die Verfahren zur Wiederherstellbarkeit im erforderlichen Zeitraum und zur Lesbarkeit von Datensicherungen regelmäßig, mindestens jährlich, im Rahmen einer Stichprobe sowie anlassbezogen getestet?	
26	Resultieren die Anforderungen an die Ausgestaltung und Lagerung der Datensicherungen sowie an die durchzuführenden Tests aus diesbezüglichen Risikoanalysen?	
27	Hinsichtlich der Standorte für die Lagerung der Datensicherungen können eine oder mehrere weitere Lokationen erforderlich sein.	
28	Wurde der aktuelle Leistungs- und Kapazitätsbedarf der IT-Systeme erhoben sowie der zukünftige Leistungs- und Kapazitätsbedarf abgeschätzt?	
29	Hat das Institut die Leistungserbringung geplant und überwacht, um insbesondere Engpässe zeitnah zu erkennen und angemessen zu reagieren?	
30	Wurden bei der Planung Leistungs- und Kapazitätsbedarf von Informationssicherheitsmaßnahmen berücksichtigt?	

Tabelle 14: Checkliste IT-Betrieb

9. Auslagerungen und sonstiger Fremdbezug von IT-Dienstleistungen

Die folgenden Ausführungen beschreiben die Anforderungen an die Auslagerungen und den sonstigen Fremdbezug von IT-Dienstleistungen.

> 9.1
>
> IT-Dienstleistungen umfassen alle Ausprägungen des Bezugs von IT; dazu zählen insbesondere die Bereitstellung von IT-Systemen, Projekte/Gewerke oder Personalgestellung. Die Auslagerungen der IT-Dienstleistungen haben die Anforderungen nach AT 9 der MaRisk zu erfüllen. Dies gilt auch für Auslagerungen von IT-Dienstleistungen, die dem Institut durch ein Dienstleistungsunternehmen über ein Netz bereitgestellt werden (z.B. Rechenleistung, Speicherplatz, Plattformen oder Software) und deren Angebot, Nutzung und Abrechnung dynamisch und an den Bedarf angepasst über definierte Schnittstellen sowie Protokolle erfolgen (Cloud-Dienstleistungen). Das Institut hat auch beim sonstigen Fremdbezug von IT-Dienstleistungen die allgemeinen Anforderungen an die Ordnungsmäßigkeit der Geschäftsorganisation gemäß § 25a Abs. 1 KWG zu beachten (vgl. AT 9 Tz. 1 – Erläuterungen – MaRisk). Bei jedem Bezug von Software sind die damit verbundenen Risiken angemessen zu bewerten (vgl. AT 7.2 Tz. 4 Satz 2 MaRisk).

Die wesentlichen Vorgaben aus den MaRisk wurden hier nahtlos übernommen. Als Prüfungshinweis für die Interne Revision ist zu entnehmen, dass im Rahmen von MaRisk-Prüfungen des Outsourcings die IT-relevanten Auslagerungen mit geprüft und beurteilt werden sollten. Aufgrund der Bedeutung der BAIT haben diese eine hohe Prüfungsrelevanz, denn die BAIT spezifizieren die MaRisk-Anforderungen zum Outsourcing.

> 9.2
>
> Wegen der grundlegenden Bedeutung der IT für das Institut ist auch für jeden sonstigen Fremdbezug von IT-Dienstleistungen vorab eine Risikobewertung durchzuführen.

Risikobewertung

Art und Umfang einer Risikobewertung kann das Institut unter Proportionalitätsgesichtspunkten nach Maßgabe seines allgemeinen Risikomanagements festlegen. Für gleichartige Formen des sonstigen Fremdbezugs von IT-Dienstleistungen kann auf bestehende Risikobewertungen zurückgegriffen werden. Die für die Informationssicherheit und das Notfallmanagement verantwortlichen Funktionen des Instituts werden eingebunden.[98]

Sonstiger Fremdbezug von IT-Dienstleistungen

Neu ist die Anforderung in den BAIT, dass bereits für jeden sonstigen Fremdbezug von IT-Dienstleistungen vorab eine Risikobewertung durchzuführen ist. Nur so können die vollständige Risikosituation ermittelt bzw. Konzentrationsrisiken bei den IT-Dienstleistungen erkannt werden. Dies ist eine klare Aufwertung der Bedeutung der IT für die Institute. Als Umsetzungshilfe bietet sich generell an, sich bei den gelebten Kriterienkatalogen an den Standards für die wesentlichen Auslagerungen zu orientieren.

9.3

Der sonstige Fremdbezug von IT-Dienstleistungen ist im Einklang mit den Strategien unter Berücksichtigung der Risikobewertung des Instituts zu steuern. Die Erbringung der vom Dienstleister geschuldeten Leistung ist entsprechend der Risikobewertung zu überwachen.

Hierfür wird eine vollständige, strukturierte Vertragsübersicht vorgehalten. Die Steuerung kann auf der Basis dieser Vertragsübersicht durch Bündelung von Verträgen des sonstigen Fremdbezugs von IT-Dienstleistungen (Vertragsportfolio) erfolgen. Bestehende Steuerungsmechanismen können hierzu genutzt werden.[99]

9.4

Die aus der Risikobewertung zum sonstigen Fremdbezug von IT-Dienstleistungen abgeleiteten Maßnahmen sind angemessen in der Vertragsgestaltung zu berücksichtigen. Die Ergebnisse der Risikobewertung sind in angemessener Art und Weise im Managementprozess des operationellen Risikos, vor allem im Bereich der Gesamtrisikobewertung des operationellen Risikos, zu berücksichtigen.

Dies beinhaltet beispielsweise Vereinbarungen zum Informationsrisikomanagement, zum Informationssicherheitsmanagement und zum Notfallmanagement, die im Regelfall den Zielvorgaben des Instituts entsprechen. Bei Relevanz wird auch die Möglichkeit eines Ausfalls eines IT-Dienstleisters berücksichtigt und eine diesbezügliche Exit- bzw. Alternativ-Strategie entwickelt und dokumentiert. Als erforderlich erkannte Maßnahmen sind auch im Fall der Einbindung von Subunternehmen des IT-Dienstleisters zu berücksichtigen.[100]

98) Vgl. Erläuterungen zu Tz. 9.2 BAIT.
99) Vgl. Erläuterungen zu Tz. 9.3 BAIT.
100) Vgl. Erläuterungen zu Tz. 9.4 BAIT.

9.5
Die Risikobewertungen in Bezug auf den sonstigen Fremdbezug von IT-Dienstleistungen sind regelmäßig und anlassbezogen zu überprüfen und ggf. inkl. der Vertragsinhalte anzupassen.

Zum Themenbereich des IT-Auslagerungsmanagements hat die Bankenaufsicht folgende Feststellungen im Rahmen ihrer Prüfungen getroffen:[101]

- Die wesentliche Auslagerung des Informationssicherheitsmanagements und der Funktion des IT-Sicherheitsbeauftragten an den IT-Dienstleister basieren auf keiner vertraglichen Grundlage.
- Das Institut hat mehrere Fremddienstleistungsbezüge nicht als Auslagerung im aufsichtlichen Sinne identifiziert und folglich nicht als solche behandelt.
- Das Institut enthält vonseiten des externen Dienstleisters keine hinreichenden mindestens vierteljährlichen Risikoberichte und Revisionsberichte.

Die Checkliste in Tabelle 17 fasst die relevanten Fragen für die Prüfung zusammen.

Nr.	Revisionsseitige Fragestellungen	Erfüllt
1	Hat das Institut sichergestellt, dass bei Auslagerungen von IT-Dienstleistungen die Anforderungen nach AT 9 der MaRisk erfüllt werden?	
2	Ist gewährleistet, dass die Risiken aus dem sonstigen Fremdbezug von IT-Dienstleistungen ebenfalls bewertet werden?	
3	Ist zudem sichergestellt, dass die aus der Risikoanalyse abgeleiteten Maßnahmen in die Gestaltung der Verträge mit einfließen?	
4	Umfassen die IT-Dienstleistungen alle Ausprägungen des Bezugs von IT?	
5	Zählen hierzu insbesondere die Bereitstellung von IT-Systemen, Projekte/Gewerke oder Personalgestellung?	

101) Vgl. Zunker, T., Erfahrungsbericht: Bankaufsichtliche IT-Prüfungen, in: Revisions-Praktiker 12 – 01/2018, Heidelberg 2018, S. 232.

Nr.	Revisionsseitige Fragestellungen	Erfüllt
6	Erfüllen auch die Auslagerungen von IT-Dienstleistungen, die dem Institut durch ein Dienstleistungsunternehmen über ein Netz bereitgestellt werden (z.B. Rechenleistung, Speicherplatz, Plattformen oder Software), und deren Angebot, Nutzung und Abrechnung dynamisch und an den Bedarf angepasst über definierte Schnittstellen sowie Protokolle erfolgen (Cloud-Dienstleistungen), die Anforderungen nach AT 9 MaRisk?	
7	Beachtet das Institut hat auch beim sonstigen Fremdbezug von IT-Dienstleistungen die allgemeinen Anforderungen an die Ordnungsmäßigkeit der Geschäftsorganisation gemäß § 25a Abs. 1 KWG?	
8	Werden bei jedem Bezug von Software die damit verbundenen Risiken angemessen bewertet?	
9	Wurden die für Informationssicherheit und Notfallmanagement verantwortlichen Funktionen des Instituts bei der Risikobewertung für den sonstigen Fremdbezug von IT-Dienstleistungen eingebunden?	
10	Wird der sonstige Fremdbezug von IT-Dienstleistungen im Einklang mit den Strategien unter Berücksichtigung der Risikobewertung des Instituts gesteuert?	
11	Wird die Erbringung der vom Dienstleister geschuldeten Leistung beim sonstigen Fremdbezug von IT-Dienstleistungen entsprechend der Risikobewertung überwacht?	
12	Hält das Institut dabei eine vollständige, strukturierte Vertragsübersicht im Rahmen der Überwachung vor?	
13	Erfolgt die Steuerung auf Basis der Vertragsübersicht durch Bündelung von Verträgen des sonstigen Fremdbezugs von IT-Dienstleistungen (Vertragsportfolio)?	
14	Hat das Institut die aus der Risikobewertung zum sonstigen Fremdbezug von IT-Dienstleistungen abgeleiteten Maßnahmen angemessen in der Vertragsgestaltung berücksichtigt?	
15	Wurden die Ergebnisse der Risikobewertung in angemessener Art und Weise im Managementprozess des operationellen Risikos, vor allem im Bereich der Gesamtrisikobewertung des operationellen Risikos, berücksichtigt?	

Nr.	Revisionsseitige Fragestellungen	Erfüllt
16	Wurden in der Vertragsgestaltung zum sonstigen Fremdbezug von IT-Dienstleistungen beispielsweise Vereinbarungen zum Informationsrisikomanagement, zum Informationssicherheitsmanagement und zum Notfallmanagement, die im Regelfall den Zielvorgaben des Instituts entsprechen, berücksichtigt?	
17	Hat das Institut auch die Möglichkeit des Ausfalls eines IT-Dienstleisters berücksichtigt und eine diesbezügliche Exit- bzw. Alternativ-Strategie entwickelt und dokumentiert?	
18	Wurden hierbei die als erforderlich erkannten Maßnahmen auch im Fall der Einbindung von Subunternehmen berücksichtigt?	
19	Ist ein Prozess installiert, der sicherstellt, dass die Risikobewertungen in Bezug auf den sonstigen Fremdbezug von IT-Dienstleistungen regelmäßig und anlassbezogen überprüft und ggf. inkl. der Vertragsinhalte angepasst werden?	

Tabelle 17: Checkliste Auslagerungen und sonstiger Fremdbezug von IT-Dienstleistungen

10. IT-Notfallmanagement

Die Ausführungen zum IT-Notfallmanagement waren mehrfach angekündigt und sind nun in die BAIT aufgenommen worden.

> 10.1
>
> Das Institut hat Ziele zum Notfallmanagement zu definieren und hieraus abgeleitet einen Notfallmanagementprozess festzulegen. Für Notfälle in zeitkritischen Aktivitäten und Prozessen ist Vorsorge zu treffen (Notfallkonzept). Die im Notfallkonzept festgelegten Maßnahmen müssen dazu geeignet sein, das Ausmaß möglicher Schäden zu reduzieren (vgl. AT 7.3 Tz. 1 MaRisk). Das Notfallkonzept muss Geschäftsfortführungs- sowie Wiederherstellungspläne umfassen. Im Fall der Auslagerung von zeitkritischen Aktivitäten und Prozessen haben das auslagernde Institut und das Auslagerungsunternehmen über aufeinander abgestimmte Notfallkonzepte zu verfügen (vgl. AT 7.3 Tz. 2 MaRisk). Die Wirksamkeit und Angemessenheit des Notfallkonzeptes sind regelmäßig zu überprüfen. Für zeitkritische Aktivitäten und Prozesse ist sie für alle relevanten Szenarien mindestens jährlich und anlassbezogen nachzuweisen (vgl. AT 7.3 Tz. 3 MaRisk).

IT-Notfallplanung

Die IT-Notfallplanung spezifiziert und ergänzt die in den MaRisk aufgeführte Notfallplanung für die Belange der IT. Dies ist auch sinnvoll und notwendig, denn die IT spielt im Rahmen der weiteren Digitalisierung der Banken und Finanzdienstleistungsunternehmen eine wesentliche Rolle. Wesentliche Prozesse in den Kreditinstituten sind ohne ganzheitliche IT nicht vorstellbar.

> 10.2
>
> Die Ziele und Rahmenbedingungen des IT-Notfallmanagements sind auf Basis der Ziele des Notfallmanagements festzulegen.

Rahmenbedingungen

Rahmenbedingungen enthalten u.a. organisatorische Aspekte wie z.B. Schnittstellen zu anderen Bereichen (u.a. Risikomanagement oder Informationssicherheitsmanagement).[102] Die Rahmenbedingungen haben damit die Funktion von organisatorischen Leitplanken für das IT-Notfallmanagement.

102) Vgl. Erläuterungen zu Tz. 10.2 BAIT.

Den zuständigen Fachabteilungen sollen diese als wirkungsvolle Orientierungshilfe dienen.

> 10.3
>
> Das Institut hat auf Basis des Notfallkonzepts für IT-Systeme, welche zeitkritische Aktivitäten und Prozesse unterstützen, IT-Notfallpläne zu erstellen.

IT-Notfallpläne

IT-Notfallpläne umfassen Wiederanlauf-, Notbetriebs- und Wiederherstellungspläne sowie die dafür festgelegten Parameter und berücksichtigen Abhängigkeiten, um die zeitkritischen Aktivitäten und Prozesse wiederherzustellen. Parameter umfassen u.a.

- Wiederanlaufzeit (Recovery Time Objective, RTO),
- Maximal tolerierbarer Zeitraum, in dem Datenverlust hingenommen werden kann (Recovery Point Objective, RPO),
- Konfiguration für den Notbetrieb.

Abhängigkeiten umfassen u.a.:

- Abhängigkeiten von vor- und nachgelagerten Geschäftsprozessen und den eingesetzten IT-Systemen des Instituts und der (IT-)Dienstleister,
- Abhängigkeiten bei der Wiederherstellungspriorisierung der IT-Prozesse und -Systeme,
- notwendige Ressourcen, um eine (eingeschränkte) Fortführung der Geschäftsprozesse zu gewährleisten,
- Abhängigkeiten von externen Faktoren (Gesetzgeber, Anteilseigner, Öffentlichkeit etc.).[103]

> Tz. 10.4
>
> Die Wirksamkeit der IT-Notfallpläne ist durch mindestens jährliche IT-Notfalltests zu überprüfen. Die Tests müssen IT-Systeme, welche zeitkritische Aktivitäten und Prozesse unterstützen, vollständig abdecken. Abhängigkeiten zwischen IT-Systemen bzw. von gemeinsam genutzten IT-Systemen sind angemessen zu berücksichtigen. Hierfür ist ein IT-Testkonzept zu erstellen.

103) Vgl. Erläuterungen zu Tz. 10.3 BAIT.

IT-Testkonzept

Das IT-Testkonzept beinhaltet sowohl Tests einzelner IT-Systeme (z.B. Komponenten, einzelne Anwendungen) als auch deren Zusammenfassung zu Systemverbünden (z.B. Hochverfügbarkeitscluster) sowie Prozesse (z.B. Zutritts- und Zugriffsmanagement).[104] Die Testkonzepte haben eine wichtige Rolle, denn über die Tests wird die tatsächliche Funktionsweise der Notfälle für den Ernstfall geübt. Daher stehen diese regelmäßig im Fokus externer Prüfungen. Dabei ist zwingend darauf zu achten, dass gerade für die zeitkritischen Aktivitäten und Systeme mindestens jährliche Notfalltests durchgeführt werden. Die Tests sind für sachverständige Dritte nachvollziehbar und schlüssig zu dokumentieren.

> Tz. 10.5
>
> Das Institut hat nachzuweisen, dass bei Ausfall eines Rechenzentrums die zeitkritischen Aktivitäten und Prozesse aus einem ausreichend entfernten Rechenzentrum und für eine angemessene Zeit sowie für die anschließende Wiederherstellung des IT-Normalbetriebs erbracht werden können.

Ausfall Rechenzentrum

Der Ausfall des Rechenzentrums stellt für viele Institute ein kritisches Szenario dar. Ersatzrechenzentren sollen bei diesem Vorfall möglichst zeitgleich die Funktionalitäten der zeitkritischen Aktivitäten und Prozesse des Instituts, d.h. die Kernbankanwendungen, weiterführen. Hierdurch können mögliche Schäden, wie operationelle Risiken, vermieden werden.

Die Checkliste in Tabelle 18 fasst die relevanten Fragen für die Prüfung zusammen.

Nr.	Revisionsseitige Fragestellungen	Erfüllt
1	Hat das Institut hat Ziele zum Notfallmanagement definiert und hieraus abgeleitet einen Notfallmanagementprozess festgelegt?	
2	Existiert ein Notfallkonzept, d.h. ist für Notfälle in zeitkritischen Aktivitäten und Prozessen Vorsorge getroffen worden?	

104) Vgl. Erläuterungen zu Tz. 10.4 BAIT.

Nr.	Revisionsseitige Fragestellungen	Erfüllt
3	Sind die im Notfallkonzept festgelegten Maßnahmen dazu geeignet, das Ausmaß möglicher Schäden zu reduzieren (vgl. AT 7.3 Tz. 1 MaRisk)?	
4	Umfasst das Notfallkonzept Geschäftsfortführungs- sowie Wiederherstellungspläne?	
5	Verfügt das Institut im Fall der Auslagerung von zeitkritischen Aktivitäten und Prozessen über mit dem Auslagerungsunternehmen abgestimmte Notfallkonzepte (vgl. AT 7.3 Tz. 2 MaRisk)?	
6	Wird die Wirksamkeit und Angemessenheit des Notfallkonzeptes regelmäßig überprüft?	
7	Ist gewährleistet, dass für zeitkritische Aktivitäten und Prozesse und für alle damit verbundenen relevanten Szenarien mindestens jährlich und anlassbezogen ein Nachweis vorliegt (vgl. AT 7.3 Tz. 3 MaRisk)?	
8	Wurden die Ziele und Rahmenbedingungen des IT-Notfallmanagements auf Basis der Ziele des allgemeinen Notfallmanagements (Abgleich) detailliert festgelegt?	
9	Enthalten die Rahmenbedingungen u.a. organisatorische Aspekte wie z.B. Schnittstellen zu anderen Bereichen (u.a. Risikomanagement oder Informationssicherheitsmanagement)?	
10	Hat das Institut auf Basis des Notfallkonzepts für IT-Systeme gerade für zeitkritische Aktivitäten und Prozesse IT-Notfallpläne erstellt?	
11	Umfassen die IT-Notfallpläne Wiederanlauf-, Notbetriebs- und Wiederherstellungspläne sowie die dafür festgelegten Parameter und berücksichtigen Abhängigkeiten, um die zeitkritischen Aktivitäten und Prozesse wiederherzustellen?	
12	Enthalten die Parameter der IT-Notfallpläne folgende Mindestkomponenten: • Wiederanlaufzeit (Recovery Time Objective, RTO), • maximal tolerierbarer Zeitraum, in dem Datenverlust hingenommen werden kann (Recovery Point Objective, RPO), • Konfiguration für den Notbetrieb?	

Nr.	Revisionsseitige Fragestellungen	Erfüllt
13	Beinhalten die Abhängigkeiten der IT-Notfallpläne u.a. folgende Komponenten: • Abhängigkeiten von vor- und nachgelagerten Geschäftsprozessen und den eingesetzten IT-Systemen des Instituts und der (IT-)Dienstleister, • Abhängigkeiten bei der Wiederherstellungspriorisierung der IT-Prozesse und -Systeme, • notwendige Ressourcen, um eine (eingeschränkte) Fortführung der Geschäftsprozesse zu gewährleisten, • Abhängigkeiten von externen Faktoren (Gesetzgeber, Anteilseigner, Öffentlichkeit etc.)?[105]	
14	Wird die Wirksamkeit der IT-Notfallpläne durch mindestens jährliche IT-Notfalltests überprüft?	
15	Decken die Tests alle IT-Systeme, welche zeitkritische Aktivitäten und Prozesse betreffen, vollständig ab?	
16	Ist gewährleistet, dass Abhängigkeiten zwischen IT-Systemen bzw. von gemeinsam genutzten IT-Systemen angemessen berücksichtigt werden?	
17	Wurde hierfür ein IT-Testkonzept erstellt?	
18	Beinhaltet das IT-Testkonzept sowohl Tests einzelner IT-Systeme (z.B. Komponenten, einzelne Anwendungen) als auch deren Zusammenfassung zu Systemverbünden (z.B. Hochverfügbarkeitscluster) sowie Prozesse (z.B. Zutritts- und Zugriffsmanagement)?	
19	Kann das Institut nachweisen, dass bei Ausfall eines Rechenzentrums die zeitkritischen Aktivitäten und Prozesse aus einem ausreichend entfernten Rechenzentrum und für eine angemessene Zeit sowie für die anschließende Wiederherstellung des IT-Normalbetriebs erbracht werden können?	

Tabelle 18: Checkliste IT-Notfallmanagement

105) Vgl. Erläuterungen zu Tz. 10.3 BAIT.

11. Management der Beziehungen mit Zahlungsdienstnutzern

Das dritte neue Kapitel der BAIT heißt „Management der Beziehungen mit Zahlungsdienstnutzern". Es stammt aus dem neuen Rundschreiben „Zahlungsdiensteaufsichtliche Anforderungen an die IT von Zahlungs- und E-Geld-Instituten" (ZAIT). Seine Inhalte sind auch für große Teile der BAIT-Zielgruppe relevant.[106]

> 11.1
>
> Die nach § 53 ZAG geforderten Risikominderungsmaßnahmen zur Beherrschung der operationellen und sicherheitsrelevanten Risiken beinhalten auch Maßnahmen, mit denen die Zahlungsdienstnutzer für die Reduzierung, insbesondere von Betrugsrisiken, direkt adressiert werden. Dazu ist ein angemessenes Management der Beziehungen mit den Zahlungsdienstnutzern zu etablieren.

Kapitel 11 zielt darauf ab, operationelle und sicherheitsrelevante Risiken, aus der Nutzung von Zahlungsdiensten – wie im Online-Banking – wirkungsvoll zu reduzieren. Hierfür haben die Institute eine Reihe von Funktionen einzurichten und aktive Informations- und Sicherheitsfunktionen für den Kunden zu etablieren, die nachfolgend dargestellt werden.

> 11.2
>
> Das Institut hat Prozesse einzurichten und zu implementieren, durch die das Bewusstsein der Zahlungsdienstnutzer über die sicherheitsrelevanten Risiken in Bezug auf die Zahlungsdienste verbessert wird, indem die Zahlungsdienstnutzer unterstützt und beraten werden.

Betroffen sind insbesondere Kommunikationsprozesse zur Sensibilisierung der eigenen Zahlungsdienstnutzer für Risiken bei der Nutzung von Zahlungsdiensten. Die Sensibilisierung kann in Form allgemeiner Ansprachen (Informationen auf der Webseite) oder bei Bedarf durch individuelle Ansprachen erfolgen. Die Prozesse werden an die spezifische aktuelle Risiko- und Bedrohungslage angepasst und können sich in Bezug auf einzelne Zahlungsdienstnutzer unterscheiden.[107]

---

106) Vgl. BaFin – Fachartikel – BaFin novelliert ihre BAIT.

11.3

Die den Zahlungsdienstnutzern angebotene Unterstützung und Beratung sind aktuell zu halten und an neue Risikolagen anzupassen. Anpassungen sind dem Zahlungsdienstnutzer in angemessener Form zu kommunizieren.

Im Ergebnis sollte es dem Zahlungsdienstnutzer ermöglicht werden, auf aktuelle Risiken angemessen zu reagieren und den Zahlungsdienst sicher nutzen zu können.[108] Die Kommunikation erfolgt in der Praxis sowohl über die Online-Portale (Hinweise auf der Webseite) als auch per Nachricht im Onlinepostfach und über weitere mögliche Informationskanäle an den Kunden (SMS, E-Mail etc.).

Tz. 11.4

Das Institut hat – wenn die Produktfunktionalität es zulässt – dem Zahlungsdienstnutzer die Möglichkeit zu bieten, einzelne der angebotenen Zahlungsfunktionalitäten zu deaktivieren.

Eine solche Deaktivierung kann z.B. eine Sperrmöglichkeit für Auslandsüberweisungen außerhalb des SEPA-Raums beinhalten. Entsprechende Anträge können online oder auch auf schriftlichem Wege übermittelt werden.[109]

Das Ziel solcher Deaktivierungen liegt in der klaren Eingrenzung der Risiken. Denn durch die Beschränkung auf „wenige" oder ein „Land" können Abschöpfungen auf verschiedene dritte Länder vermieden werden, falls das Pin-/Tan-Verfahren extern geknackt wurde.

Tz. 11.5

Falls das Institut mit dem Zahlungsdienstnutzer Betragsobergrenzen vereinbart hat, ist dem Zahlungsdienstnutzer die Möglichkeit zu geben, die vereinbarten Grenzen anzupassen.

Dies kann z.B. eine Anpassung des Tageslimits für Überweisungen im Online-Banking beinhalten.[110] Auch die Reduzierung der möglichen Tagesobergrenze ist ein wirksames Mittel, um manipulative Schäden im Online-Banking wirksam zu reduzieren. Falls die Nutzer des Online-Banking größere Zahlungen planen, können sie unter entsprechenden Sicherheitsvorkehrungen (Pin/Tan) die Betragsgrenze für kürzere Zeiträume (z.B. Tag, Woche) erhöhen.

107) Vgl. Erläuterungen zu Tz. 11.2 BAIT.
108) Vgl. Erläuterungen zu Tz. 11.3 BAIT.
109) Vgl. Erläuterungen zu Tz. 11.4 BAIT.
110) Vgl. Erläuterungen zu Tz. 11.5 BAIT.

Tz. 11.6

Zur Erkennung von betrügerischer oder nicht autorisierter Nutzung der Zahlungskonten des Zahlungsdienstnutzers hat das Institut dem Zahlungsdienstnutzer die Möglichkeit einzuräumen, Benachrichtigungen über getätigte und fehlgeschlagene Transaktionen zu erhalten.

Ziel ist es, dem Zahlungsdienstnutzer eine angemessene eigene Kontrolle der durchgeführten Transaktionen oder Transaktionsversuche zu ermöglichen, sodass betrügerische Transaktionen oder Betrugsversuche von diesem möglichst früh auch selbst erkannt werden können. Eine ständige und sofortige explizite Benachrichtigung über alle Transaktionen und Transaktionsversuche ist nicht erforderlich. Vom Institut durchzuführende Betrugserkennungsmaßnahmen bleiben davon unberührt.[111] In der Praxis erhält der Zahlungsdienstnutzer fortlaufend Informationen, beispielsweise über getätigte Kreditkartentransaktionen, und kann somit frühzeitig betrügerische Verfügungen wirksam erkennen und beim Institut anzeigen.

Tz. 11.7

Das Institut hat die Zahlungsdienstnutzer zeitnah über Aktualisierungen der Sicherheitsverfahren zu informieren, die in Bezug auf die Erbringung von Zahlungsdiensten Auswirkungen auf die Zahlungsdienstnutzer haben.

Der konkrete Kommunikationsweg wird vom Institut bestimmt. Dem Zahlungsdienstnutzer sollte die Möglichkeit gegeben werden, sich auf geänderte Prozesse angemessen einzustellen und sich vorzubereiten, um die Zahlungsdienste möglichst ohne Unterbrechungen nutzen zu können.[112]

Tz. 11.8

Das Institut hat die Zahlungsdienstnutzer in Bezug auf alle Fragen, Unterstützungsanfragen, Benachrichtigungen über Unregelmäßigkeiten oder alle sicherheitsrelevanten Fragen hinsichtlich der Zahlungsdienste zu unterstützen. Die Zahlungsdienstnutzer sind angemessen darüber zu informieren, wie sie diese Unterstützung erhalten können.

Es werden angemessene und für alle Zahlungsdienstnutzer zu nutzende Kommunikationskanäle eingerichtet. Diese können z.B. über die Webseiten, über technische Kommunikationskanäle oder in schriftlicher Kommunikation bekannt gemacht werden.[113] Wichtig ist hierbei, dass es einen wirksamen

111) Vgl. Erläuterungen zu Tz. 11.6 BAIT.
112) Vgl. Erläuterungen zu Tz. 11.7 BAIT.
113) Vgl. Erläuterungen zu Tz. 11.8 BAIT.

Kontakt zum Onlinenutzer gibt und über diesen fortlaufend Sicherheitshinweise ausgetauscht werden können.

Die Checkliste in Tabelle 19 fasst die relevanten Fragen für die Prüfung zusammen.

Nr.	Revisionsseitige Fragestellungen	Erfüllt
1	Hat das Institut sichergestellt, dass die nach § 53 ZAG geforderten Risikominderungsmaßnahmen zur Beherrschung der operationellen und sicherheitsrelevanten Risiken auch Maßnahmen beinhalten, mit denen die Zahlungsdienstnutzer für die Reduzierung, insbesondere von Betrugsrisiken, direkt adressiert werden?	
2	Wurde hierzu ein angemessenes Management der Beziehungen mit den Zahlungsdienstnutzern etabliert?	
3	Hat das Institut Prozesse eingerichtet und implementiert, durch die das Bewusstsein der Zahlungsdienstnutzer über die sicherheitsrelevanten Risiken in Bezug auf die Zahlungsdienste verbessert wird, indem die Zahlungsdienstnutzer unterstützt und beraten werden?	
4	Umfasst dies insbesondere Kommunikationsprozesse zur Sensibilisierung der eigenen Zahlungsdienstnutzer für Risiken bei der Nutzung von Zahlungsdiensten?	
5	Erfolgt die Sensibilisierung in Form allgemeiner Ansprachen (Informationen auf der Webseite) oder bei Bedarf durch individuelle Ansprachen?	
6	Wurden die Prozesse an die spezifische aktuelle Risiko- und Bedrohungslage angepasst und unterscheiden sie sich in Bezug auf die einzelnen Zahlungsdienstnutzer?	
7	Stellt das Institut sicher, dass die den Zahlungsdienstnutzern angebotene Unterstützung und Beratung aktuell gehalten und an neue Risikolagen angepasst wird?	
8	Wurden die Anpassungen dem Zahlungsdienstnutzer in angemessener Form kommuniziert?	
9	Ist gewährleistet, dass es im Ergebnis dem Zahlungsdienstnutzer ermöglicht worden ist, auf aktuelle Risiken angemessen zu reagieren und den Zahlungsdienst sicher nutzen zu können?	

Nr.	Revisionsseitige Fragestellungen	Erfüllt
10	Hat das Institut – wenn die Produktfunktionalität es zulässt – dem Zahlungsdienstnutzer die Möglichkeit geboten, einzelne der verfügbaren Zahlungsfunktionalitäten zu deaktivieren?	
11	Hat eine solche Deaktivierung z.B. eine Sperrmöglichkeit für Auslandsüberweisungen außerhalb des SEPA-Raums beinhaltet?	
12	Wurden entsprechende Anträge online oder auch auf schriftlichem Wege übermittelt?	
13	Falls das Institut mit dem Zahlungsdienstnutzer Betragsobergrenzen vereinbart hat, hat es dem Zahlungsdienstnutzer die Möglichkeit gegeben, die vereinbarten Grenzen anzupassen?	
14	Beinhaltet dies beispielweise eine Anpassung des Tageslimits für Überweisungen im Online-Banking?	
15	Wurde zur Erkennung von betrügerischer oder nicht autorisierter Nutzung der Zahlungskonten des Zahlungsdienstnutzers dem Zahlungsdienstnutzer die Möglichkeit eingeräumt, Benachrichtigungen über getätigte und fehlgeschlagene Transaktionen zu erhalten?	
16	Hat das Institut dem Zahlungsdienstnutzer eine angemessene eigene Kontrolle der durchgeführten Transaktionen oder Transaktionsversuche ermöglicht, sodass betrügerische Transaktionen oder Betrugsversuche von diesem möglichst früh auch selbst erkannt werden können?	
17	Beinhaltet dies eine ständige und sofortige explizite Benachrichtigung über alle Transaktionen und Transaktionsversuche?	
18	Hat das Institut die Zahlungsdienstnutzer zeitnah über Aktualisierungen der Sicherheitsverfahren informiert, die in Bezug auf die Erbringung von Zahlungsdiensten Auswirkungen auf die Zahlungsdienstnutzer haben?	
19	Wurde dem Zahlungsdienstnutzer die Möglichkeit gegeben, sich auf geänderte Prozesse angemessen einzustellen und sich vorzubereiten, um die Zahlungsdienste möglichst ohne Unterbrechungen nutzen zu können?	

Nr.	Revisionsseitige Fragestellungen	Erfüllt
20	Hat das Institut die Zahlungsdienstnutzer in Bezug auf alle Fragen, Unterstützungsanfragen, Benachrichtigungen über Unregelmäßigkeiten oder alle sicherheitsrelevanten Fragen hinsichtlich der Zahlungsdienste hinreichend unterstützt?	
21	Wurden die Zahlungsdienstnutzer angemessen darüber informiert, wie sie diese Unterstützung (Hotline etc.) erhalten können?	
22	Hat das Institut angemessene und für alle Zahlungsdienstnutzer zu nutzende Kommunikationskanäle eingerichtet?	
23	Wurden diese beispielsweise über die Webseiten, über technische Kommunikationskanäle oder in schriftlicher Kommunikation bekannt gemacht?	

Tabelle 19: Checkliste Management der Beziehungen mit Zahlungsdienstnutzern

12. Kritische Infrastrukturen

Das Kapitel der kritischen Infrastrukturen richtet sich an wenige, in der KRITIS-Verordnung angegebene KRITIS-Institute, die marktkritische Schwellenwerte überschreiten. Damit soll präventiv darauf geachtet werden, dass keine volkswirtschaftlichen Versorgungsengpässe in kritischen Infrastrukturen erfolgen. KRITIS-relevante Institute stehen demensprechend intensiver im Fokus bankaufsichtsrechtlicher Prüfungen.

> 12.1
>
> Dieses Kapitel richtet sich – im Kontext mit den anderen Kapiteln der BAIT und den sonstigen einschlägigen bankaufsichtlichen Anforderungen in Bezug auf die Sicherstellung angemessener Vorkehrungen zur Gewährleistung von Verfügbarkeit, Integrität, Authentizität und Vertraulichkeit der Informationsverarbeitung – eigens an die Betreiber kritischer Infrastrukturen (KRITIS-Betreiber). Es ergänzt insoweit die bankaufsichtlichen Anforderungen an die IT um Anforderungen an die wirksame Umsetzung besonderer Maßnahmen zum Erreichen des KRITIS-Schutzziels. Als KRITIS-Schutzziel wird nachfolgend das Bewahren der Versorgungssicherheit der Gesellschaft mit den in § 7 BSI-Kritisverordnung genannten kritischen Dienstleistungen (Bargeldversorgung, kartengestützter Zahlungsverkehr, konventioneller Zahlungsverkehr sowie Verrechnung und Abwicklung von Wertpapier- und Derivatgeschäften) verstanden, da deren Ausfall oder Beeinträchtigung zu erheblichen Versorgungsengpässen oder zu Gefährdungen der öffentlichen Sicherheit führen könnte. Für kritische Dienstleistungen sind von den jeweiligen KRITIS-Betreibern (und im Falle von Auslagerungen zusätzlich von ihren IT-Dienstleistern) geeignete Maßnahmen zu beschreiben und wirksam umzusetzen, die die Risiken für den sicheren Betrieb kritischer Infrastrukturen auf ein dem KRITIS-Schutzziel angemessenes Niveau senken. Hierzu müssen sich die KRITIS-Betreiber sowie ihre IT-Dienstleister an den einschlägigen Standards orientieren und Konzepte der Hochverfügbarkeit berücksichtigen. Dabei soll der Stand der Technik eingehalten werden. Dieses Kapitel kann optional verwendet werden, um im Rahmen einer Jahresabschlussprüfung den Nachweis nach § 8a Abs. 3 BSIG zu erbringen. Dazu müssen alle informationstechnischen Systeme, Komponenten oder Prozesse der kritischen Infrastrukturen in der Prüfung komplett abgedeckt sein. Alternativ können die KRITIS-Betreiber einen unternehmensindividuellen Ansatz verfolgen oder einen branchenspezifischen Sicherheitsstandard (B3S) gemäß § 8a Abs. 2 BSIG erstellen. Der Nachweis gemäß § 8a Abs. 3 BSIG ist in diesen Fällen unter Hinzuziehung einer geeigneten prüfenden Stelle (siehe einschlägige FAQ auf der BSI-Website) zu erstellen.

Damit ist für die Interne Revision von KRITIS-relevanten Instituten das Prüffeld „Kritische Infrastrukturen“ innerhalb der Prüfungsplanung mit aufzunehmen. Weiterhin wird der Jahresabschlussprüfer das Thema KRITIS in der jährlichen Jahresabschlussprüfung mit aufnehmen. Der Jahresabschlussprüfer orientiert sich bei seiner Prüfung an dem *IDW Prüfungshinweis: Die Prüfung der von Betreibern Kritischer Infrastrukturen gemäß § 8a Abs. 1 BSIG umzusetzenden Maßnahmen (IDW PH 9.860.2).* Dieser basiert auf dem Anforderungskatalog des BSI. Er konkretisiert die Anwendung der Grundsätze des *IDW PS 860* in Bezug auf die Prüfung von Betreibern Kritischer Infrastrukturen durch den Berufsstand. Wirksamkeitsprüfungen nach *IDW PH 9.860.2* eignen sich aus der Sicht des BSI im besonderen Maße, um die geforderten Prüfungsnachweise gemäß § 8a Abs. 3 BSIG erbringen zu können.[114]

> 12.2
>
> Der Geltungsbereich der kritischen Infrastrukturen innerhalb des Informationsverbundes ist eindeutig zu kennzeichnen. Hierbei sind alle relevanten Schnittstellen einzubeziehen. Alle einschlägigen Anforderungen der BAIT und der sonstigen aufsichtlichen Anforderungen sind nachvollziehbar auch auf alle Komponenten und Bereiche der kritischen Dienstleistung anzuwenden. Kritische Dienstleistungen sind angemessen zu überwachen. Mögliche Auswirkungen von Sicherheitsvorfällen auch auf die kritischen Dienstleistungen sind zu bewerten.

Dies kann beispielsweise erfolgen, indem im Inventar entsprechend 3.3. BAIT (beispielsweise in einer Configuration Management Database, CMDB) die Komponenten und Bereiche des Informationsverbundes zusätzlich gekennzeichnet werden, die zu den kritischen Infrastrukturen gehören. Der Bezug zu den jeweiligen zu prüfenden Anlagenkategorien des KRITIS-Betreibers ist darzustellen. Durch geeignete Maßnahmen ist sicherzustellen, dass die für die kritischen Dienstleistungen betriebsrelevanten Systeme einer resilienten Architektur unterliegen.[115]

> 12.3
>
> Im Rahmen des Informationsrisiko- und Informationssicherheitsmanagements gemäß den BAIT-Kapiteln 3. und 4. ist das KRITIS-Schutzziel zu beachten und sind Maßnahmen zu dessen Einhaltung wirksam umzusetzen. Insbesondere sind Risiken, die die kritischen Dienstleistungen in relevantem Maße beeinträchtigen können, durch angemessene Maßnahmen der Risikominderung oder -vermeidung auf ein dem KRITIS-Schutzziel angemessenes Niveau zu senken. Hierzu sind insbesondere solche Maßnahmen geeignet, mit denen den Risiken für die Verfügbarkeit bei einem hohen und sehr hohen Schutzbedarf begegnet werden kann. Unter anderem sollten daher Konzepte der Hochverfügbarkeit geprüft und, soweit geeignet, angewandt werden.

---

114) Vgl. IDW PH 9.860.2: Prüfung bei Betreibern kritischer Infrastrukturen.

Grundsätzlich sind für Risiken Maßnahmen zur Mitigation zu treffen. Dabei soll der Stand der Technik eingehalten werden. Der erforderliche Aufwand soll im Verhältnis zu den Folgen eines Ausfalls oder einer Beeinträchtigung der betroffenen Kritischen Infrastruktur stehen. Dies bedeutet, dass Risiken zwar auch akzeptiert oder übertragen werden können, dies aber nicht allein nach betriebswirtschaftlichen Gesichtspunkten entschieden werden darf, sondern nur unter Gewährleistung der Versorgungssicherheit. Risiken, die die kritische Dienstleistung betreffen, dürfen beispielsweise nicht akzeptiert werden, sofern Vorkehrungen nach dem Stand der Technik möglich und angemessen sind. Auch ein Transfer der Risiken, z.B. durch Versicherungen, ist kein Ersatz für angemessene Vorkehrungen. Der Abschluss einer Versicherung, z.B. aus betriebswirtschaftlichem Interesse, steht dem nicht entgegen.[116)] Dies zeigt, dass gerade die KRITIS-relevanten Dienstleistungen des Instituts im besonderen Fokus stehen. Die bedeutet für die Interne Revision auch ein enges Prüfungsintervall aufgrund der hohen Bedeutung für das Institut (i.d.R. jährlicher Prüfungsturnus). Dabei sollten die IT-Risiken (Restrisiken) und die implementierten Verfahren zur Risikomessung/-bewertung prüferisch bewertet und beurteilt werden.

Tz. 12.4

Das KRITIS-Schutzziel ist von der Schutzbedarfsermittlung über die Definition angemessener Maßnahmen bis hin zur wirksamen Umsetzung dieser Maßnahmen einschließlich der Implementierung und des regelmäßigen Testens entsprechender Notfallvorsorgemaßnahmen stets mit zu berücksichtigen.

Insbesondere ist dies bei den folgenden Aspekten zu beachten:

- das KRITIS-Schutzziel ist auch bei Auslagerungen von Dienstleistungen entsprechend §§ 25a, 25b KWG i.V.m. AT 9 und AT 5 Tz. 3. f) MaRisk sowie Kapitel 9. BAIT zu berücksichtigen.
- im Rahmen der Notfallvorsorge sind Maßnahmen zu ergreifen (AT 7.3 MaRisk sowie Kapitel 10. BAIT), mit denen die kritischen Dienstleistungen auch im Notfall aufrechterhalten werden können.[117)]

KRITIS-relevante Prozesse

Regelmäßig werden die KRITIS-relevanten Prozesse im Rahmen der regulären Schutzbedarfserhebung des Instituts von den jeweiligen verantwortlichen Fachbereichen bewertet. Es folgt die IT-Risikobewertung nach erfolgten Soll-

115) Vgl. Erläuterungen zu Tz. 11.2 BAIT.
116) Vgl. Erläuterungen zu Tz. 12.3 BAIT.
117) Vgl. Erläuterungen zu Tz. 12.4 BAIT.

maßnahmen zur IT-Risikoreduzierung. Die Restrisiken sind in das operationelle Risiko zu überführen. Die Aufsicht betont, dass bezüglich der KRITIS-relevanten Prozesse/Systeme ein noch höherer Grad der Anforderungen zu erfüllen ist, um die IT-Risiken für diese Systeme/Prozesse gering zu halten. Daher ist auch an die Notfallmaßnahmen ein höherer Grad der Anforderungen einzuhalten. Dies sollte bei Prüfungen der Internen Revision berücksichtigt werden.

Tz. 12.5

Die Nachweiserbringung gemäß § 8a Abs. 3 BSIG bzgl. der Einhaltung der Anforderungen gemäß § 8a Abs. 1 BSIG kann im Rahmen der Jahresabschlussprüfung erfolgen. Der KRITIS-Betreiber hat die einschlägigen Nachweisdokumente fristgerecht beim BSI einzureichen, entsprechend den jeweils gültigen Vorgaben des BSI.

Nachweiserbringung im Rahmen der Jahresabschlussprüfung

Bei der Nachweiserbringung im Rahmen der Jahresabschlussprüfung sollte die Einhaltung der Anforderungen gemäß § 8a Abs. 1 BSIG durch den KRITIS-Betreiber erstmals auf den Jahresabschluss 2018 referenziert werden und ist anschließend mindestens alle zwei Jahre gegenüber dem BSI nachzuweisen. Neben der Prüfung im Rahmen des Jahresabschlusses sind weitere Möglichkeiten zur Nachweiserbringung zulässig. Die KRITIS-Betreiber sollten entsprechend die „Orientierungshilfe zu Nachweisen gemäß § 8a Abs. 3 BSIG“ in der jeweils aktuellen Fassung beachten.[118)]

Die Checkliste in Tabelle 20 fasst die relevanten Fragen für die Prüfung zusammen.

Nr.	Revisionsseitige Fragestellungen	Erfüllt
1	Wurde der Geltungsbereich der kritischen Infrastrukturen innerhalb des Informationsverbundes eindeutig gekennzeichnet?	
2	Hat das Institut dabei alle relevanten Schnittstellen mit einbezogen?	
3	Wurden alle einschlägigen Anforderungen der BAIT und der sonstigen aufsichtlichen Anforderungen nachvollziehbar auch auf alle Komponenten und Bereiche der kritischen Dienstleistung angewendet?	

118) Vgl. Erläuterungen zu Tz. 12.5 BAIT.

Nr.	Revisionsseitige Fragestellungen	Erfüllt
4	Hat das Institut einen Prozess zur Überwachung der kritischen Dienstleistungen implementiert?	
5	Werden dabei mögliche Auswirkungen von Sicherheitsvorfällen auch auf die kritischen Dienstleistungen bewertet?	
6	Verfügt das Institut über eine dem IT-Inventar entsprechenden (3.3 BAIT) Configuration Management Database (CMDB)?	
7	Werden dabei die Komponenten und Bereiche des Informationsverbundes zusätzlich gekennzeichnet, die zu der kritischen Infrastruktur gehören?	
8	Hat das Institut den Bezug zu den jeweiligen zu prüfenden Anlagenkategorien des KRITIS-Betreibers dargestellt?	
9	Ist sichergestellt, dass durch geeignete Maßnahmen die für die kritischen Dienstleistungen betriebsrelevanten Systeme einer resilienten Architektur unterliegen?	
10	Wird im Rahmen des Informationsrisiko- und Informationssicherheitsmanagements gemäß den BAIT-Kapiteln 3. und 4. das KRITIS-Schutzziel beachtet?	
11	Ist gewährleistet, dass im Rahmen des Informationsrisiko- und Informationssicherheitsmanagements die erforderlichen Maßnahmen zur Reduzierung der IT-Risiken wirksam umgesetzt werden?	
12	Stellt das Institut sicher, dass insbesondere die Risiken, die die kritischen Dienstleistungen in relevantem Maße beeinträchtigen können, durch angemessene Maßnahmen der Risikominderung oder -vermeidung auf ein dem KRITIS-Schutzziel angemessenes Niveau gesenkt werden?	
13	Wurden dabei solche Maßnahmen umgesetzt, mit denen den Risiken für die Verfügbarkeit bei einem hohen und sehr hohen Schutzbedarf begegnet werden kann?	
14	Hat das Institut auch Konzepte der Hochverfügbarkeit geprüft und, soweit geeignet, implementiert?	

Nr.	Revisionsseitige Fragestellungen	Erfüllt
15	Werden auch für IT-Risiken geeignete Maßnahmen zur Mitigation (Reduzierung) getroffen?	
16	Ist dabei der Stand der Technik berücksichtigt worden?	
17	Steht der erforderliche Aufwand im Verhältnis zu den Folgen eines Ausfalls oder einer Beeinträchtigung der betroffenen Kritischen Infrastruktur?	
18	Wird bei dem Informationsrisiko- und Informationssicherheitsmanagement berücksichtigt, dass IT-Risiken zwar auch akzeptiert oder übertragen werden können, dies aber nicht allein nach betriebswirtschaftlichen Gesichtspunkten entschieden werden darf, sondern nur unter Gewährleistung der Versorgungssicherheit?	
19	Ist sichergestellt, dass IT-Risiken, die die kritische Dienstleistung betreffen, nicht akzeptiert werden dürfen, sofern Vorkehrungen nach dem Stand der Technik möglich und angemessen sind?	
20	Ist gewährleistet, dass auch ein Transfer der Risiken, z.B. durch Versicherungen, kein Ersatz für angemessene Vorkehrungen zur Vermeidung von Risiken darstellt (vermeidet nur den Ausfall und nicht das Auftreten von Risiken)?	
21	Hat das Institut sichergestellt, dass das KRITIS-Schutzziel von der Schutzbedarfsermittlung über die Definition angemessener Maßnahmen bis hin zur wirksamen Umsetzung dieser Maßnahmen einschließlich der Implementierung und des regelmäßigen Testens entsprechender Notfallvorsorgemaßnahmen stets mitberücksichtigt wird?	
22	Wurden dabei insbesondere folgende Aspekte beachtet? • Das KRITIS-Schutzziel ist auch bei Auslagerungen von Dienstleistungen entsprechend §§ 25a, 25b KWG i.V.m. AT 9 und AT 5 Tz. 3. f) MaRisk sowie Kapitel 9. BAIT zu berücksichtigen. • Im Rahmen der Notfallvorsorge sind Maßnahmen zu ergreifen (AT 7.3 MaRisk sowie Kapitel 10. BAIT), mit denen die kritischen Dienstleistungen auch im Notfall aufrechterhalten werden können.	

Nr.	Revisionsseitige Fragestellungen	Erfüllt
23	Erfolgt die Nachweiserbringung gemäß § 8a Abs. 3 BSIG bzgl. der Einhaltung der Anforderungen gemäß § 8a Abs. 1 BSIG im Rahmen der Jahresabschlussprüfung?	
24	Hat das Institut als KRITIS-Betreiber die einschlägigen Nachweisdokumente fristgerecht beim BSI entsprechend den jeweils gültigen Vorgaben des BSI eingereicht?	
25	Erfolgt die Nachweiserbringung im Rahmen der Jahresabschlussprüfung gemäß der Anforderungen nach § 8a Abs. 1 BSIG durch den KRITIS-Betreiber?	
26	Ist durch Arbeitsanweisungen sichergestellt, dass der Nachweis mindestens alle zwei Jahre gegenüber dem BSI erbracht wird?	

Tabelle 20: Checkliste Kritische Infrastrukturen

13. MaRisk AT 7.2: Technisch-organisatorische Ausstattung

Die *technisch-organisatorische Ausstattung* soll in den Kreditinstituten sicherstellen, dass die Erfordernisse der MaRisk auf Basis der verfügbaren IT-Systeme und -Ausstattungen eingehalten werden können.[119]

> MaRisk AT 7.2 Tz. 1
>
> Umfang und Qualität der technisch-organisatorischen Ausstattung haben sich insbesondere an betriebsinternen Erfordernissen, den Geschäftsaktivitäten sowie der Risikosituation zu orientieren.

Die Anforderung berücksichtigt das Proportionalitätsprinzip bei der Umsetzung der MaRisk. Hierbei müssen kleine Institute nicht die umfangreiche Infrastruktur bereithalten wie beispielsweise systemrelevante Institute (Großbanken).

Die Interne Revision sollte im Rahmen ihrer Prüfungen auch eine Einstufung und Beurteilung der Angemessenheit der technisch-organisatorischen Ausstattung vornehmen.

> MaRisk AT 7.2, Tz. 2
>
> Die IT-Systeme (Hardware- und Software-Komponenten), die zugehörigen IT-Prozesse und sonstige Bestandteile des Informationsverbundes müssen die Integrität, die Verfügbarkeit, die Authentizität sowie die Vertraulichkeit der Daten sicherstellen. Für diese Zwecke ist bei der Ausgestaltung der IT-Systeme und der zugehörigen IT-Prozesse grundsätzlich auf gängige Standards abzustellen, insbesondere sind Prozesse für eine angemessene IT-Berechtigungsvergabe einzurichten, die sicherstellen, dass jeder Mitarbeiter nur über die Rechte verfügt, die er für seine Tätigkeit benötigt; die Zusammenfassung von Berechtigungen in einem Rollenmodell ist möglich. Die Eignung der IT-Systeme und der zugehörigen Prozesse ist regelmäßig von den fachlich und technisch zuständigen Mitarbeitern zu überprüfen.

119) Vgl. Becker, A.: Neue MaRisk – Bearbeitungs- und Prüfungsleitfaden, 3. Auflage, Becker, A. /Berndt, M. /Klein, J. (Hrsg.), Heidelberg 2013, S. 181.

Informationsverbund

Zu einem Informationsverbund gehören beispielsweise geschäftsrelevante Informationen, Geschäfts- und Unterstützungsprozesse, IT-Systeme und die zugehörigen IT-Prozesse sowie Netz- und Gebäudeinfrastrukturen.[120)]

Standards zur Ausgestaltung der IT-Systeme

Zu solchen Standards zählen z.B. der IT-Grundschutz des Bundesamtes für Sicherheit in der Informationstechnik (BSI) und die internationalen Sicherheitsstandards ISO/IEC 270XX der International Organization for Standardization. Das Abstellen auf gängige Standards zielt nicht auf die Verwendung von Standardhardware bzw. -software ab. Eigenentwicklungen sind grundsätzlich ebenso möglich.[121)]

Zugriffsrechte

Die eingerichteten Berechtigungen dürfen nicht im Widerspruch zur organisatorischen Zuordnung von Mitarbeitern stehen. Insbesondere bei Berechtigungsvergaben im Rahmen von Rollenmodellen ist darauf zu achten, dass Funktionstrennungen beibehalten bzw. Interessenkonflikte vermieden werden.

> MaRisk AT 7.2, Tz. 3
>
> Die IT-Systeme sind vor ihrem erstmaligen Einsatz und nach wesentlichen Veränderungen zu testen und von den fachlich sowie auch von den technisch zuständigen Mitarbeitern abzunehmen. Hierfür ist ein Regelprozess der Entwicklung, des Testens, der Freigabe und der Implementierung in die Produktionsprozesse zu etablieren. Produktions- und Testumgebung sind dabei grundsätzlich voneinander zu trennen.

Veränderungen an IT-Systemen

Bei der Beurteilung der Wesentlichkeit von Veränderungen ist nicht auf den Umfang der Veränderungen, sondern auf die Auswirkungen, die eine Veränderung auf die Funktionsfähigkeit des betroffenen IT-Systems haben kann, abzustellen.[122)]

120) Vgl. Erläuterungen zu AT 7.2 Tz. 2 MaRisk.
121) Vgl. Erläuterungen zu AT 7.2 Tz. 2 MaRisk.
122) Vgl. Erläuterungen zu AT 7.2 Tz. 3 MaRisk.

Abnahme durch die technisch und fachlich zuständigen Mitarbeiter

Bei der Abnahme durch die fachlich und die technisch zuständigen Mitarbeiter steht die Eignung und Angemessenheit der IT-Systeme für die spezifische Situation des jeweiligen Instituts im Mittelpunkt. Gegebenenfalls vorliegende Testate Dritter können bei der Abnahme berücksichtigt werden, sie können die Abnahme jedoch nicht vollständig ersetzen.[123]

> MaRisk AT 7.2, Tz. 4
>
> Für IT-Risiken sind angemessene Überwachungs- und Steuerungsprozesse einzurichten, die insbesondere die Festlegung von IT-Risikokriterien, die Identifikation von IT-Risiken, die Festlegung des Schutzbedarfs, daraus abgeleitete Schutzmaßnahmen für den IT-Betrieb sowie die Festlegung entsprechender Maßnahmen zur Risikobehandlung und -minderung umfassen. Beim Bezug von Software sind die damit verbundenen Risiken angemessen zu bewerten.

In den bereits dargestellten Ausführungen zu den BAIT wurden die Erfordernisse an die Überwachungs- und Steuerungsprozesse dargestellt und beschrieben. Die Festlegung des Schutzbedarfs in unterschiedliche Kategorien wie „niedrig“, „mittel“, „hoch“ und „sehr hoch“ ermöglicht in der Umsetzungspraxis eine nach risikoorientierten Gesichtspunkten ausgerichtete Einstufung und Behandlung der IT-Risiken. Wichtig in diesem Zusammenhang ist auch die Erweiterung des Informationsverbundes mit der Berücksichtigung der gegenseitigen Abhängigkeiten. Hierbei will die Aufsicht sicherstellen, dass in den Instituten mögliche Wechselwirkungen mit betrachtet werden. Dies ist auch ein wichtiger Hinweis für die Interne Revision, denn die Schutzbedarfsanalyse und IT-Risikoanalyse ist ein wesentlicher Kernprozess bei der Betrachtung der IT.

> MaRisk AT 7.2, Tz. 5
>
> Die Anforderungen aus AT 7.2 sind auch beim Einsatz von durch Mitarbeiter des Fachbereichs entwickelten oder betriebenen Anwendungen (Individuelle Datenverarbeitung, IDV) entsprechend der Kritikalität der unterstützten Geschäftsprozesse und der Bedeutung der Anwendungen für diese Prozesse zu beachten. Die Festlegung von Maßnahmen zur Sicherstellung der Datensicherheit hat sich am Schutzbedarf der verarbeiteten Daten zu orientieren.

123) Vgl. Erläuterungen zu AT 7.2 Tz. 3 MaRisk.

Die Checkliste in der Tabelle 21 enthält entsprechende Prüfungsfragen.

Nr.	Revisionsseitige Fragestellungen	Erfüllt
1	Entsprechen Umfang und Qualität der technisch-organisatorischen Ausstattung insbesondere den betriebsinternen Erfordernissen, den Geschäftsaktivitäten sowie der Risikosituation?	
2	Stellen die IT-Systeme (Hardware- und Software-Komponenten) und die zugehörigen IT-Prozesse die Integrität, die Verfügbarkeit, die Authentizität sowie die Vertraulichkeit der Daten sicher?	
3	Wurde für diese Zwecke bei der Ausgestaltung der IT-Systeme und der zugehörigen IT-Prozesse grundsätzlich auf gängige Standards abgestellt?	
4	Hat das Institut Prozesse für eine angemessene Berechtigungsverwaltung eingerichtet, die sicherstellen, dass jeder Mitarbeiter nur über die Rechte verfügt, die er für seine Tätigkeit benötigt?	
5	Wird die Eignung der IT-Systeme und der zugehörigen Prozesse regelmäßig von den fachlich und technisch zuständigen Mitarbeitern überprüft?	
6	Hat das Institut gewährleistet, dass die IT-Systeme vor ihrem erstmaligen Einsatz und nach wesentlichen Veränderungen getestet und von den fachlich sowie auch von den technisch zuständigen Mitarbeitern abgenommen werden?	
7	Wurde hierfür ein Regelprozess der Entwicklung, des Testens, der Freigabe und der Implementierung in die Produktionsprozesse etabliert?	
8	Hat das Institut hierbei die Produktions- und Testumgebung voneinander getrennt?	
9	Wurden für IT-Risiken angemessene Überwachungs- und Steuerungsprozesse eingerichtet?	
10	Umfassen diese Prozesse insbesondere die Festlegung von IT-Risikokriterien, die Identifikation von IT-Risiken, die Festlegung des Schutzbedarfs, die Ableitung von Schutzmaßnahmen sowie entsprechende Maßnahmen zur Risikobehandlung und -minderung?	

Nr.	Revisionsseitige Fragestellungen	Erfüllt
11	Hat das Institut die mit dem Bezug von Software verbundenen Risiken angemessen bewertet?	
12	Wurden die Anforderungen aus AT 7.2 auch beim Einsatz von durch die Fachbereiche selbst entwickelten Anwendungen (Individuelle Datenverarbeitung, IDV) entsprechend der Kritikalität der unterstützten Geschäftsprozesse und der Bedeutung der Anwendungen für diese Prozesse beachtet?	
13	Orientiert sich die Festlegung von Maßnahmen zur Sicherstellung der Datensicherheit am Schutzbedarf der verarbeiteten Daten?	

Tabelle 21: Checkliste MaRisk technisch-organisatorische Ausstattung

14. MaRisk AT 7.3: Notfallkonzept

> MaRisk AT 7.3, Tz. 1
>
> Das Institut hat Ziele zum Notfallmanagement zu definieren und hieraus abgeleitet einen Notfallmanagementprozess festzulegen. Für Notfälle in zeitkritischen Aktivitäten und Prozessen ist Vorsorge zu treffen (Notfallkonzept). Die im Notfallkonzept festgelegten Maßnahmen müssen dazu geeignet sein, das Ausmaß möglicher Schäden zu reduzieren. Das Notfallkonzept ist anlassbezogen zu aktualisieren, jährlich auf Aktualität zu überprüfen und angemessen zu kommunizieren. Die Geschäftsleitung hat sich mindestens quartalsweise und anlassbezogen über den Zustand des Notfallmanagements schriftlich berichten zu lassen.

Die Ausführungen zeigen die Bedeutung von Notfallkonzepten auf. Der Aufsicht geht es letztlich darum, dass die Institute eine wirksame und auch funktionsfähige Vorsorge für den Notfall getroffen haben. Damit die Notfallmaßnahmen auch in der Praxis zielführend sind, haben regelmäßige Notfalltests stattzufinden. Wichtig ist auch eine ausreichende Dokumentation der Tests, die bei internen und externen Prüfungen vorzulegen sind. Die Interne Revision sollte im Rahmen ihrer Prüfungen die Angemessenheit der durchgeführten Notfalltests kritisch hinterfragen.

Die Aufsicht spezifiziert die wesentlichen Begriffe in ihren Erläuterungen.

Zeitkritische Aktivitäten und Prozesse

Zeitkritisch sind jene Aktivitäten und Prozesse, bei deren Beeinträchtigung für definierte Zeiträume ein nicht mehr akzeptabler Schaden für das Institut zu erwarten ist. Zur Identifikation von zeitkritischen Aktivitäten und Prozessen sowie von unterstützenden Aktivitäten und Prozessen, hierfür notwendigen IT-Systemen und sonstigen notwendigen Ressourcen sowie der potenziellen Gefährdungen führt das Institut Auswirkungsanalysen und Risikoanalysen durch. Als Basis hierfür dient eine Übersicht über alle Aktivitäten und Prozesse (z.B. in Form einer Prozesslandkarte).[124)]

Auswirkungsanalysen

In Auswirkungsanalysen (Business Impact Analysen) wird über abgestufte Zeiträume betrachtet, welche Folgen eine Beeinträchtigung von Aktivitäten und Prozessen für den Geschäftsbetrieb haben kann. Die Auswirkungs-

124) Vgl. MaRisk Kommentierung zu AT 7.3 Tz. 1.

analysen sollten u.a. folgende Aspekte berücksichtigen: Art und Umfang des (im-)materiellen Schadens, Zeitpunkt des Ausfalls.[125]

Risikoanalysen

In Risikoanalysen (Risk Impact Analysen) für die identifizierten zeitkritischen Aktivitäten und Prozesse werden potenzielle Gefährdungen identifiziert und bewertet, welche eine Beeinträchtigung der zeitkritischen Geschäftsprozesse verursachen könnte.[126]

MaRisk AT 7.3, Tz. 2

Das Notfallkonzept muss Geschäftsfortführungs- sowie Wiederherstellungspläne umfassen. Geschäftsfortführungspläne müssen gewährleisten, dass im Notfall zeitnah Ersatzlösungen zur Verfügung stehen. Wiederherstellungspläne müssen innerhalb eines angemessenen Zeitraums die Rückkehr zum Normalbetrieb ermöglichen. Bei Notfällen ist eine angemessene interne und externe Kommunikation sicherzustellen. Im Fall der Auslagerung von zeitkritischen Aktivitäten und Prozessen haben das auslagernde Institut und das Auslagerungsunternehmen über aufeinander abgestimmte Notfallkonzepte zu verfügen.

In jedem Notfallkonzept sind für die Sicherstellung des Regelbetriebs sog. Geschäftsfortführungs- sowie Wiederanlaufpläne vorzusehen. Somit soll gewährleistet werden, dass die Bankdienstleistungen in jeder Situation zeitnah abgerufen werden können. Die Interne Revision sollte sich im Rahmen ihrer Prüfungen die Notfallkonzepte intensiv ansehen und diese auf ihre Funktionalität hin aus prüferischer Sicht beurteilen.

Notfallkonzept

Im Notfallkonzept werden Verantwortlichkeiten, Ziele und Maßnahmen zur Fortführung bzw. Wiederherstellung von zeitkritischen Aktivitäten und Prozessen bestimmt und Kriterien für die Einstufung sowie für das Auslösen der Pläne definiert.[127]

Notfallszenarien

Hierbei werden mindestens folgende Szenarien berücksichtigt:

125) Vgl. MaRisk Kommentierung zu AT 7.3 Tz. 1.
126) Vgl. MaRisk Kommentierung zu AT 7.3 Tz. 1.
127) Vgl. MaRisk Kommentierung zu AT 7.3 Tz. 2.

- (Teil-)Ausfall eines Standortes (z.B. durch Hochwasser, Großbrand, Gebietssperrung, Ausfall der Zutrittskontrolle),
- erheblicher Ausfall von IT-Systemen oder Kommunikationsinfrastruktur (z.B. aufgrund von Fehlern oder Angriffen),
- Ausfall einer kritischen Anzahl von Mitarbeitern (z.B. bei Pandemie, Lebensmittelvergiftung, Streik),
- Ausfall von Dienstleistern (z.B. Zulieferer, Stromversorger).[128]

MaRisk AT 7.3, Tz. 3

Die Wirksamkeit und Angemessenheit des Notfallkonzeptes ist regelmäßig zu überprüfen. Für zeitkritische Aktivitäten und Prozesse ist es für alle relevanten Szenarien mindestens jährlich und anlassbezogen nachzuweisen. Überprüfungen des Notfallkonzeptes sind zu protokollieren. Ergebnisse sind hinsichtlich notwendiger Verbesserungen zu analysieren. Risiken sind angemessen zu steuern. Die Ergebnisse sind den jeweiligen Verantwortlichen schriftlich mitzuteilen.

Überprüfungen des Notfallkonzeptes

Die Häufigkeit und der Umfang der Überprüfungen soll sich grundsätzlich an der Gefährdungslage orientieren. Dienstleister sind angemessen einzubinden. Überprüfungen beinhalten u.a.:[129]

- Test der technischen Vorsorgemaßnahmen,
- Kommunikations-, Krisenstabs- und Alarmierungsübungen,
- Ernstfall- oder Vollübungen.

Die Checkliste der Tabelle 22 enthält Prüfungsfragen zum Themengebiet der Notfallkonzepte.

Nr.	Revisionsseitige Fragestellungen	Erfüllt
1	Hat das Institut für Notfälle bei zeitkritischen Aktivitäten und Prozessen eine angemessene Vorsorge getroffen (Notfallkonzept)?	
2	Sind die im Notfallkonzept festgelegten Maßnahmen dazu geeignet, das Ausmaß möglicher Schäden zu reduzieren?	

128) Vgl. MaRisk Kommentierung zu AT 7.3 Tz. 2.
129) Vgl. MaRisk Kommentierung zu AT 7.3 Tz. 3.

Nr.	Revisionsseitige Fragestellungen	Erfüllt
3	Wird die Wirksamkeit und Angemessenheit des Notfallkonzeptes regelmäßig durch Notfalltests überprüft?	
4	Teilt das Institut die Ergebnisse der Notfalltests den jeweiligen Verantwortlichen mit (interner Informationskanal)?	
5	Verfügen das Institut und das Auslagerungsunternehmen im Fall der Auslagerung von zeitkritischen Aktivitäten und Prozessen über aufeinander abgestimmte Notfallkonzepte?	
6	Umfasst das Notfallkonzept Geschäftsfortführungs- sowie Wiederanlaufpläne?	
7	Gewährleisten die Geschäftsfortführungspläne, dass im Notfall zeitnah Ersatzlösungen zur Verfügung stehen?	
8	Ist geregelt, dass die Wiederanlaufpläne innerhalb eines angemessenen Zeitraums die Rückkehr zum Normalbetrieb ermöglichen?	
9	Wurden die im Notfall zu verwendenden Kommunikationswege festgelegt?	
10	Steht das Notfallkonzept allen daran beteiligten Mitarbeitern zur Verfügung?	

Tabelle 22: Checkliste MaRisk Notfallkonzept

Literaturverzeichnis

BaFin – Aktuelles – „Auslagerung an Cloud-Anbieter: BaFin will ESMA-Leitlinien zur Auslagerung an Cloud-Anbieter anwenden“ vom 29. 6. 2021 (https://www.bafin.de/SharedDocs/Veroeffentlichungen/DE/Meldung/2021/meldung_2021_06_29_Anwendung_ESMA_Leitlinien.html).

BaFin: „IT-Sicherheit: Aufsicht konkretisiert Anforderungen an die Kreditwirtschaft“ vom 15. 1. 2018 (https://www.bafin.de/SharedDocs/Veroeffentlichungen/DE/Fachartikel/2018/fa_bj_1801_BAIT.html).

BaFin Rundschreiben 09/2017 (BA) – Mindestanforderungen an das Risikomanagement – MaRisk vom 27. 10. 2017.

BaFin Rundschreiben 10/2017 (BA) – BAIT: Anschreiben an die Verbände vom 6. 11. 2017.

BaFin Rundschreiben 10/2017 (BA) – Bankaufsichtliche Anforderungen an die IT (BAIT) vom 6. 11. 2017.

BaFin Rundschreiben 10/2017 (BA) – BAIT: Anschreiben an die Verbände vom 16. 8. 2021.

BaFin Rundschreiben 10/2017 (BA) in der Fassung vom 16. 8. 2021 – an alle Kreditinstitute und Finanzdienstleistungsinstitute in der Bundesrepublik Deutschland Bankaufsichtliche Anforderungen an die IT (BAIT).

BaFin novelliert ihre BAIT vom 16. 8. 2021 – In der aktuellen Novelle der BAIT konkretisiert die Aufsicht ihre Erwartungen an die IT und die Informationssicherheit von Banken unter: BaFin – Fachartikel – BaFin novelliert ihre BAIT.

Becker A.: Neue MaRisk – Bearbeitungs- und Prüfungsleitfaden, 3. Auflage, Becker A. /Berndt M. /Klein J. (Hrsg.), Heidelberg 2013.

Becker A.: Prüfung der Mindestanforderungen an die Sicherheit von Internetzahlungen durch die Interne Revision, in: Bearbeitungs- und Prüfungsleitfaden MASI, Heidelberg 2016.

BSI IT-Grundschutz Baustein B 1.18 Identitäts- und Berechtigungsmanagement.

BSI: IT-Grundschutz-Standards und -Kataloge (https://www.bsi.bund.de/).

BSI-Kritisverordnung vom 21. 6. 2017 unter: www.bsi-bund.de.

BSI-Standard 200-1 „Managementsysteme für Informationssicherheit (ISMS)".

IDW PH 9.860.2: Prüfung bei Betreibern kritischer Infrastrukturen.

IT-Infrastructure Library (https://www.axelos.com/best-practice-solutions/itil).

Matzen/Bretz, Prüfung IT im Fokus von MaRisk und Bundesbank, RdNr. 658 ff.

Wehling, J.: Neuer AT 9 der MaRisk und BAIT, in: Bankpraktiker 02 – 03/ 2018, Heidelberg 2018.

Wikipedia-Artikel „Configuration Management Database" (https://de.wikipedia.org/wiki/Configuration_Management_Database).

Wikipedia-Artikel „Scrum" (https://de.wikipedia.org/wiki/Scrum).

Wikipedia-Artikel „V-Modell" (https://de.wikipedia.org/wiki/V-Modell).

Zunker, T.: Erfahrungsbericht: Bankaufsichtliche IT-Prüfungen, in: Revisions-Praktiker 12 – 01/2018, Heidelberg 2018.